黄土高原水沙变化分析与水沙模拟研究

沈丹丹 钱镜林 黄赛花 吴淼 郭元刚 著

内 容 提 要

本书聚焦黄河流域水沙变化机理与模拟技术研究，以黄土高原为核心研究区域，基于多尺度流域长期观测数据，定量揭示了不同驱动因子对流域产流产沙过程的协同影响机制，系统分析了气候变化与人类活动协同驱动下的流域产流产沙规律，创新性提出了滑动平均差突变点检测法，精准识别水沙序列的突变特征，并构建出适用于多尺度、异质性流域的通用水沙物理概念模型，为黄河治理与生态修复提供了技术支撑。

本书可供水文水资源、水土保持、环境科学与地理学等领域的研究人员参考，也可作为高等院校水文学、地理学、环境工程等相关专业的教学案例，并为水利、生态保护等管理部门提供决策依据。

图书在版编目（CIP）数据

黄土高原水沙变化分析与水沙模拟研究 / 沈丹丹等著. -- 北京：中国水利水电出版社，2025.5. -- ISBN 978-7-5226-3195-0

Ⅰ.TV152

中国国家版本馆CIP数据核字第2025VB0548号

书　　名	**黄土高原水沙变化分析与水沙模拟研究** HUANGTU GAOYUAN SHUISHA BIANHUA FENXI YU SHUISHA MONI YANJIU
作　　者	沈丹丹　钱镜林　黄赛花　吴森　郭元刚　著
出版发行	中国水利水电出版社 （北京市海淀区玉渊潭南路1号D座　100038） 网址：www.waterpub.com.cn E-mail：sales@mwr.gov.cn 电话：（010）68545888（营销中心）
经　　售	北京科水图书销售有限公司 电话：（010）68545874、63202643 全国各地新华书店和相关出版物销售网点
排　　版	中国水利水电出版社微机排版中心
印　　刷	天津嘉恒印务有限公司
规　　格	170mm×240mm　16开本　11印张　215千字
版　　次	2025年5月第1版　2025年5月第1次印刷
定　　价	**55.00元**

凡购买我社图书，如有缺页、倒页、脱页的，本社营销中心负责调换

版权所有·侵权必究

前　言

黄河作为中华民族母亲河，是我国第二大河流，其发源于青藏高原巴颜喀拉山脉，流经九省区最终注入渤海，干流全长约 5464km，流域面积达 79.5 万 km^2。特殊的地理环境使其成为世界上含沙量最高的河流，年均输沙量达 16 亿 t，其中 80% 来源于黄土高原地区。20 世纪 70 年代以来，在气候变化与人类活动双重影响下，黄河流域径流量与输沙量呈现显著递减态势，这一水沙通量突变现象已引发学界广泛关注，也对新时期流域综合治理提出了新的科学命题。

黄土高原作为黄河流域主要产沙区，其独特的自然地理特征，即深厚黄土堆积、剧烈地形起伏、集中暴雨特性及脆弱生态系统构成了全球最为严重的水土流失区。针对该区域水沙演变规律及治理成效评估，国内外学者已开展了大量研究工作，形成了以"水文法""水保法""相关法"为主体的传统评价体系。然而，现有方法存在机理研究不足、时空尺度受限、动态表征欠缺等显著缺陷。随着遥感技术、GIS 空间分析及数值模拟技术的发展，基于物理过程的侵蚀模型逐渐成为研究热点，但在模型普适性、参数动态化及系统误差控制等方面仍面临重大技术瓶颈。

本书围绕黄河流域水沙锐减机制与模拟技术展开系统性研究，以黄土高原为核心研究区域，基于多尺度流域长期水文观测数据与下垫面动态监测资料，揭示了气候变化与人类活动协同驱动下流域产流产沙的时空分异规律。通过研发基于滑动平均差分析的水沙序列突变点检测方法，实现了对水沙变化关键转折点的精准识别；结合时变植被参数化方案与抗侵蚀能力动态曲线构建，攻克了传统模型在变化环境下参数静态化导致的系统偏差问题；通过耦合系统微分响应误差修正技术，显著提升了水沙耦合模型的协同计算精度。构建出适用于多尺度、异质性流域的通用水沙物理概念模型，为黄河水沙调控与生态修复提供了定量化技术支撑。

  本书得到了"南浔学者"（Nanxun scholars program of ZJWEU）、浙江省自然科学基金联合基金重点项目（编号：LZJWZ24E090003）、浙江省自然科学基金联合基金项目（编号：LGEY25E090012）、浙江省自然科学基金联合基金项目（编号：LGEY25E090015）和浙江省应急管理研发攻关科技项目（编号：2025YJ020）的资助。在编写过程中，得到了浙江水利水电学院水利工程学院领导、同事以及国内诸多同行的大力帮助，在此向他们及协助本书出版的同仁表示衷心的感谢！此外，特别感谢黄河水利委员会黄河水利科学研究院和黄河水利委员会水文局提供的水文站点观测资料。

  由于作者水平有限，书中难免存在不足和疏漏之处，恳请读者批评指正。

作　者

2025 年 5 月

目　　录

前言

第1章　绪论 ... 1
1.1　引言 ... 1
1.2　国内外研究现状和进展 ... 2
1.3　研究目的和内容 ... 11

第2章　水沙变化特征及影响因素分析 ... 13
2.1　黄土高原概况及数据来源 ... 13
2.2　水沙变化分析方法 ... 19
2.3　黄土高原流域水沙变化趋势分析 ... 32
2.4　黄土高原流域水沙突变点分析 ... 49
2.5　水沙变化影响因素分析 ... 60
2.6　本章小结 ... 70

第3章　水沙耦合物理概念模型研究 ... 71
3.1　试验流域选取 ... 71
3.2　水沙耦合模型构建 ... 74
3.3　植被参数结构改进研究 ... 94
3.4　流域抗侵蚀能力曲线改进研究 ... 105
3.5　水沙模拟误差系统微分响应修正方法研究 ... 108
3.6　不同改进结构对比分析 ... 117
3.7　本章小结 ... 121

第4章　水沙耦合模型实际流域应用检验 ... 123
4.1　应用流域简介 ... 123
4.2　小尺度流域应用效果分析 ... 127
4.3　中尺度流域应用效果分析 ... 132
4.4　大尺度流域应用效果分析 ... 137
4.5　模型应用效果对比分析 ... 142
4.6　本章小结 ... 152

第 5 章 结论与展望 ……………………………………………………… 153
5.1 结论 …………………………………………………………… 153
5.2 展望 …………………………………………………………… 155
参考文献 …………………………………………………………………… 157

第 1 章 绪　　论

1.1 引　　言

自 20 世纪 50 年代以来，黄河水量和沙量发生了很大变化。黄河水沙特别是输沙急剧减少。天然期（50 年代以前）潼关站年平均输沙量为 16 亿 t，而 2023 年该站年平均输沙量不足 1 亿 t。此外，潼关站实测年径流量从 560 亿 m^3 减少至约 257 亿 m^3（2022 年推算值）。黄河水沙锐减问题，给新时期黄河治理提出了新的挑战。黄河水沙问题研究不仅关系到未来治黄战略的制定、流域水沙资源的管理和配置以及重大水利水电工程的布局，还关乎国家能源、经济和生态等安全[1]。

20 世纪 70 年代以来，国内学者不断深入在黄河水沙变化问题方面的研究，产出了大量重要研究成果[2-7]。"十二五"以来，国家科技支撑计划项目对近年黄河水沙锐减的原因开展了大量调查和研究，研究成果基本揭示了水沙锐减的主要驱动力，并且定量描述了林草植被、梯田、水库、淤地坝以及灌溉用水等对流域减水减沙的贡献量[8]。然而，由于研究周期短，认识水平还不够，现阶段所采用的研究手段仍存在很多不足，变化环境下黄河流域产流、产沙机理还需要进一步探究。

黄河水沙问题非常复杂，诸多科学问题目前还没有定论，仍是当前及未来研究的重点方向。例如，水沙变化的原因是什么，如何准确量化相关因素的贡献值，产流、产沙机制以及产流、产沙的耦合机理在下垫面变化的背景下发生了什么演变？在不同时期、不同植被类型、不同区域等变化环境下，黄土高原产流产沙机理的变化规律以及精确的流域水沙模拟仍是当前及未来研究的重点。目前的水沙模拟模型通常是基于气候和下垫面条件长期平稳的假设构建的[3-4,9]，然而，当研究流域的下垫面发生较大的变化时，依据历史资料率定的模型参数往往不再适用，使得模型模拟的不确定性增加。本书在综合分析黄土高原水沙变化特征和水沙变化影响因素的基础上，研究气候条件、下垫面变化协同作用下，黄土高原流域产水产沙响应机制及变化规律，结合黄土高原水沙变化的主要影响因素，从三个方面改进包为民教授提出的水沙物理概念模型，构建适用于变化环境下的水沙耦合模拟物理概念模型，对流域土壤侵蚀研究、水土流失综合治理、流域生态环境建设以及黄河健康管理和开发都具有重要意义。

1.2 国内外研究现状和进展

1.2.1 水沙变化分析方法

黄河水沙变化趋势分析及水沙序列突变点分析是研究黄河水沙问题的基础和关键[10]。目前,黄河水沙序列变化趋势分析采用的方法大致有线性倾向估计法[11]、Mann-Kendall趋势分析法[12-14]、水沙动态图法[15](包括不均匀参数统计、历时曲线法[16]等方法)、累积距平法[17-18]、滑动平均法[19-21]和Spearman秩相关分析法[22-24]等。姚文艺等[25]提出了判断多周期长时间尺度的水沙序列变化趋势的趋势度分析方法,该方法抗噪声能力强,对水文资料的分布无要求,可判断序列变化趋势的显著性。

时间序列的突变点分析理论研究开始于20世纪60年代末,法国数学家Thom[26]创建了以常微分方程为基础的突变理论,其核心思想是考察系统或某一过程从一个稳定状态到另一个稳定状态的跃变[27]。随后,突变理论在物理、数学、生物、医学、水文气象、社会科学等多个学科领域得到了广泛应用[28-35]。统计学上把突变定义为从一个统计特性到另一个统计特性的急剧变化,如均值、方差、频率等特征量的急剧变化[12]。而常规意义上的气候或水文要素突变是指气候或水文要素平均值的急剧变化,称为均值突变。到目前为止,针对均值突变的情况,已发展出了很多突变检测方法[36],包括低通滤波法[37-40]、Cramer检验[41-42]、滑动t检验法、Yamamot突变检验法[43-45]、有序聚类分析(Ordered Clustering analysis,OC)法[46-47]、Mann-Kendall(MK)突变检验法[48-50]、Pettitt法[2,51-52]和Bernaola-Galvan(BG)分割法[53-55]等。而在黄河水沙突变的研究中,通常采用的方法有双累积曲线法[56]、Pettitt检验法和MK突变检验法[33,57-59]等。

对于时间序列特征分析,除趋势分析和突变分析外,还有周期分析,又叫振荡分析。近年来,诊断气候振荡周期的方法和技术发展非常迅速,从不连续的周期图、方差分析、谐波分解等发展到功率谱法、最大熵谱法、奇异谱分析法等。后来又出现了现在使用最为广泛的周期分析方法——小波分析法[17,60-65],使得时间序列周期分析技术有了新的飞跃。

1.2.2 黄河流域水沙研究现状

黄河中游的黄土高原地区地形破碎、土层深厚、植被稀疏,且降水多暴雨,水土流失严重,是黄河泥沙的主要来源区,对黄河的泥沙贡献量占80%以上[66]。20世纪70—90年代,黄河流域尤其是黄河中游的景观工程、梯田、淤地坝和水库的建设，以及 90 年代以后，黄河中游大规模、高强度的水土保持综合治理措施，使得黄土高原地区下垫面侵蚀环境发生了显著改变，黄河径流量和泥沙量也因此发生了剧烈变化[67]。据数据统计，潼关站年平均输沙量从天然情况的 16 亿 t 减少至 2.6 亿 t，2014—2015 年年平均输沙量甚至不足 1 亿 t；潼关站实测径流量从 560 亿 m^3 减少至 440 亿 m^3[68-69]。黄河水沙的锐减，引起了政府部门及社会各界对该问题的广泛关注。长期以来，众多科研单位及学者对该问题展开了相关研究，并取得一些研究成果[70-80]。

影响黄河径流变化的因素主要包括气候变化和人类活动。由于气候变化和人类活动之间的相互反馈，这两大因素对黄河径流演变的影响难以截然分开。人类活动尤其是淤地坝等水利工程的建设、水土保持措施的开展及退耕还林还草工程的实施对径流变化的影响引起了社会的极大关注[57,81]。目前，在黄河流域有大量关于气候变化以及人类活动对流域径流量变化影响的研究[82]，大多数研究一致指出黄河流域径流量呈现明显的减少趋势[83]，径流量的年际间变化趋势显著，并且径流的变化趋势与流域内气候的变化趋势不一致[84]。20 世纪 70 年代以来，人类活动逐步加强，尤其是近年来，降水对水沙变化的影响逐渐降低，而人类活动的影响明显增强。黄土高原土地利用/土地覆被变化对流域径流变化有重要的影响，森林覆被的增加和"坡改梯"措施显著减少了流域年径流量和地表径流量[85-87]，年径流量减少量最高达 32%[88]，此外，黄河流域地下径流量呈增加趋势，且地下径流占年径流量的 80%以上，森林植被面积的增加是地下径流量显著增加的主要因素[89]。由于黄河流域降水年内分布极不均匀，降水主要集中在汛期，因此水土保持措施对径流量的影响也存在季节差异，相比较冬季而言，水土保持措施对夏季径流量的影响更为显著[90]。同时，Brown[91]和 Colman[92] 等研究表明，植树造林、开垦梯田等水保措施能显著减少流域地表径流量，水利工程措施还能减小径流量时空分布的不均匀性。穆兴民等[93-94]在黄土高原丘陵沟壑区用平行对比观测法，分析了典型试验小流域水土保持综合治理措施对流域径流量变化的影响，结果表明，水保措施工程使得黄土高原流域洪水发生频率、地表径流模数和径流系数均明显减小。同时，穆兴民等[93-94] 采用变点分析法、双累积曲线法和历时曲线法等对黄土高原流域河龙区间的降水量和径流量等资料进行分析发现，水利水保等工程措施开展以来，在区间内面平均降水量未发生显著变化的情况下，流域径流量和输沙量均发生了显著减少。此外，穆兴民等[93-94] 还利用双累积曲线法，分析了水利水保措施对径流和输沙量的减少作用大小，发现水保措施对流域径流量和输沙量的减少贡献量较大，是流域径流和泥沙减小的主要驱动力[95-99]。Zhang 等[100] 以黄河流域径流量时空变化特征分析为基础，进一步探究黄河流域径流减少的主要驱动因子，结果表明，20 世纪 50 年代以来，黄河中游径流量呈显著减少趋势，且在影响径流变化的各因素中，人类活动对径流减少影响所占的比重超过50%。而在各种人类活动中，水土保持措施面积的增加，尤其是水库、淤地坝等水利工程的修建，是流域地表径流显著减少的主要影响因素。近年来，针对黄土高原地区各项水土保工程措施对流域径流变化影响的研究较多[101]，其中多数研究表明，水土保持措施的开展显著减少了流域的径流量。但是，由于黄土高原地貌特征复杂，地形破碎，且数据资料有限等因素，使得很多研究成果在黄土高原其他区域往往不具备拓展性[102-103]。

20世纪70—90年代，景观工程、梯田、淤地坝和水库的建设是导致黄河流域产沙量减少的主要原因，而在90年代以后，大规模植被建设工程对减少产沙量发挥了重要作用[82,104-107]。此外，林草植被的减流减沙效果存在阈值，当覆盖率达到60%以后减沙效果趋于稳定[89]。穆兴民等[108]利用黄河中上游的水文气象资料和水土保持措施资料，分析了水土保持措施对流域输沙的影响，发现黄河上中游输沙量除在20世纪90年代出现短暂的增加趋势之外，20世纪50年代以总体上一直呈现逐年代减小趋势。许炯心[109]分析了黄河中游的输沙量在20世纪90年代出现短暂增加的原因，各项水土保持措施的实施，尤其是20世纪七八十年代水库、淤地坝等水利工程的修建后输沙量显著减少。90年代后，退耕还林还草等措施的实施对黄河中游输沙量的减少起着非常重要的作用。韩鹏等[110]用方差分析法分析了河龙区间的水文资料和水保资料，研究了水土保持措施对不同地貌类型的区域含沙量变化的影响，结果表明，在各种地貌类型中，水土保持措施对黄土丘陵区含沙量变化的影响最为显著[111]。

一般来说，在同一时期内，降水量对径流量的影响比对输沙量的影响更大，而水土保持措施等人类活动对输沙量的影响比对径流量的影响更大。有研究表明，近年来黄河水沙变化的主要驱动力是人类活动，尤其是林草植被等水保措施的开展和水库、淤地坝等的修建[112]，但气候变化（主要是降水）也依旧起着重要作用。就黄河流域降水的变化对流域产水产沙的影响而言，降水强度比降水总量影响更大。降水等气候因子与人类活动因子对水沙变化的影响机理是不同的。还有研究表明，气候变化对水沙的作用主要体现在较长的时间尺度上，人类活动对水沙变化的影响主要作用在相对较短的时间尺度上，但是，例如水土保持措施，尤其是各种生态修复措施等对产流产沙的影响可能是长期的，但是当遇到强度高、历时长的大暴雨时，水保措施的作用也会相对降低[113]。

径流量、输沙量减少的程度和突变的年份并不完全相同，而是具有空间、时间上的非一致性。根据黄河水沙变化特征趋势分析，从时间变化上说，近百年内黄河流域输沙量减少的趋势度明显比径流量减少的趋势度要大，从空间上说，黄河流域中游段输沙量和径流量减少的趋势度明显要大于黄河上游段[114]。20世纪50年代以来，黄河来水来沙量不断减少，且减少趋势显著，是百年尺度中黄河水沙最枯的时间段。对黄河上游控制站头道拐站的实测水文资料分析表明，其年输沙量序列于1982年发生突变，而年径流量突变时间晚于年输沙量序列，发生在1986年；头道拐断面水沙关系于1968年发生第一次变化，随后在1986年又发生了第二次突变，到2000年，头道拐及黄河上游河段的水沙关系进一步发生了显著变化。再以黄河中游干流重点水文站龙门站为例，龙门站径流量自1957年以来一直呈现逐年减少的趋势，而龙门站的输沙量自20世纪七八十年代才开始减少，但是到90年代又出现了短时间的上升趋势；龙门站的径流量序列在1986年才发生突变，而输沙量序列在1970年就发生了第一次突变，且之后在90年代又发生了第二次突变。对于黄河中游黄土高原多沙粗沙区，其水沙关系在1997年以后才发生显著性变化。不仅如此，黄河水沙变化的程度在不同时期内也是不一样的，1951—2010年黄河中游段头道拐至潼关断面的输沙量年均减少速率为2.4%，而1979年以后，该区间段输沙量减少的速率为4.49%，是1951—2010年年均减小速率的将近两倍。用小波分析法对黄河流域年径流量和年输沙量序列分析，结果表明，黄河径流量变化的周期与输沙量变化的周期虽然在一定程度上有一定关系，但并不完全一致[63]。大量分析均表明，黄河水沙变化是气候条件、下垫面变化和人类活动等影响因子联合作用的结果，不同时段不同区域的变化机制和变化成因均有所不同，因此，虽然黄河水沙之间具有高度的相关性，但径流泥沙序列的突变点具有不唯一性和非一致性等特点[115]。此外，从空间上来看，水沙变化程度空间分布也是不均匀的，且径流和泥沙减少的幅度也不具有同步性。例如，与1919—1960年相比，1987—2012年均径流量的减小幅度自上游往下游沿程递增，其中，兰州站、头道拐站、龙门站和潼关站实测年均径流量的减小幅度分别为11.4%、34.6%、40.2%和42.3%；而年输沙量序列沿程减少的幅度变化不大，上述四个断面的实测年输沙量的减少幅度分别为67.7%、68.5%、67.5%和66.0%；而含沙量变化与径流量和输沙量的变化也不完全一致，含沙量减少幅度从上往下逐渐减小，上述四个断面的实测年含沙量减少幅度分别为63.5%、51.9%、45.8%和41.0%。水沙减少主要发生的区域不同，泥沙减少主要集中在黄河中游头道拐至龙门区间，1987—2012年潼关站实测输沙量年均减少10.50亿t，其中，头道拐至龙门区间减少量占了58.9%；而径流减少主要集中在黄河上游，即头道拐水文站以上的区域，1987年以来，潼关控制站水量减少总量达到180.2亿 m^3，其中头道拐以上区域减少的水量占48.1%[90,111,116]。其他一些流域，包括长江流域在内的水沙变化的研究成果也表明，水沙变化在空间上表现出非常明显的不均匀性，甚至在很小的空间尺度都可能是非常明显的[72,117]。

大量研究表明[118-121]，近50年来，黄河流域输沙量的减少幅度比径流量减少幅度大，径流量和输沙量双累积曲线的水沙关系曲线上凸，并逐渐偏向径流量，表明输沙量的减少幅度大于径流量的减少幅度。人类活动包括林草植被等水土保持措施、水库淤地坝建设等是导致水沙关系发生变化的主要原因。

1.2.3 水沙模型研究进展

流域泥沙作为基础学科，其相关研究起源于19世纪后期。1877年德国土壤学家Ewald Wollny开始对土壤侵蚀进行定量研究[122]。随后，随着各国学者不断地探索，对土壤侵蚀规律的研究和认识不断加深，土壤侵蚀模型的研究也不断深入，并取得了丰硕的成果，引起了越来越多学者对该研究领域的关注。根据模型的建立途径和发展的主要历程，土壤侵蚀模型主要可分为经验统计模型、物理概念模型和结合GIS等技术的土壤侵蚀模型三类。经验统计模型是依据某个典型流域或试验流域的资料，采用一定的数理统计方法，选取影响土壤侵蚀的相关因子，建立计算土壤流失量的方程式；物理概念模型是以土壤侵蚀的物理机制为分析基础，根据水文学、河流动力学和土壤学等相关学科的基本原理，利用水流和泥沙之间的相似性和存在的差异来概化描述土壤侵蚀产沙和流域汇沙的过程，根据降水和径流等资料，计算出一段时间内的土壤侵蚀量[123-124]。近年来，随着地理信息技术的发展，结合GIS的土壤侵蚀模型逐渐发展起来。

1. 经验统计模型

在对土壤侵蚀的机理有足够深刻的研究和认识之前，一大批基于影响因子分析的经验统计模型被开发出来，经验统计模型的发展为后来土壤侵蚀机理的深入研究奠定了深厚的理论基础，模型主要从土壤侵蚀的影响因子角度考虑，建立土壤侵蚀产沙与降水因子、坡度因子、土壤因子、地形因子、植被因子、土层厚度等多个影响因子之间的多元回归关系方程式。

1940年Zingg[125]采用试验小流域的观测资料，建立了坡度、坡长与坡面土壤侵蚀量之间的关系。1951年Ekern[126]通过流域试验发现降水击溅作用和降水强度等对土壤侵蚀的影响，并得出雨滴直径和雨强与土壤侵蚀之间的关系。1947年Musgrave分析试验流域的资料发现，土壤流失量不仅与坡度、坡长等因素存在正比关系，还与最大半小时雨强，植被覆盖度等因子存在着非常密切的关系。1965年Wischmeier等[127]对美国30个州试验小区域的将近30年的土壤侵蚀观测资料作了较为系统的分析，综合考虑了流域降水因子、坡度坡长因子、作物覆盖度、水土保持等众多影响因子后，提出了著名的经验公式——通用土壤流失方程（Universal Soil Loss Equation，USLE），并于1978年又针对该方程中存在的问题，对方程进行了修正，使得方程更具有通用性。这就是后来在世界各地得到广泛应用的通用土壤流失方程。但是，当时该方程存在一个很大的不足，即它无法对次洪进行土壤侵蚀量的计算和预报，因此，美国土壤管理局于1985年对该通用土壤流失方程进行了进一步修正，提出了修正通用土壤流失方程（Revised Universal Soil Loss Equation，RUSLE）[128]。相较于USLE，RUSLE更系统地考虑了土壤侵蚀的各个因子的侵蚀效果，并且RUSLE还可用于非农业地区。

同时，欧洲和非洲等国家和地区也对土壤侵蚀理论和土壤侵蚀模型进行了较为深入的研究。比利时土壤学家Sidorchuk[129]根据切沟的基本性质和特点开发出了基于质量守恒的动态预报模型，和用于计算沟头发育后期相对稳定侵蚀量的静态预报模型。Elwell[130]依据土壤侵蚀的特点，将气候、土壤、地形和作物这四个自然系统分开考虑，然后再有机结合起来，从而构建出一个完整的土壤侵蚀模型，该模型在南非大部分地区均取得了较好的应用效果。

我国的土壤侵蚀研究工作最早开始于1942年，我国在天水和西安建立了两个水土保持试验站，开始对流域土壤侵蚀量进行定量观测。随后，黄河流域委员会又建立了绥德水土保持试验站和陇东西峰科学研究站[52]。几十年以来，我国学者在土壤侵蚀方面也做了大量的研究工作，根据各地试验站的观测资料提出了一系列的坡面侵蚀和流域产沙公式[131-132]。绥德水土保持试验站根据前后几十年的实测资料，分析得出土壤流失量与不同时段最大降水量之间的定性关系；江忠善等[133]结合黄土地区的地貌特点和土壤特性，考虑黄土丘陵区特的侵蚀类型，以基本状态土壤侵蚀模型为基础，以比例系数修正的方式反映沟道对流域土壤侵蚀量的影响，提出了次洪沟道侵蚀产沙的计算关系式，并结合地理信息系统给该计算关系式建立了土壤侵蚀数据库，实现了地理信息系统与土壤侵蚀预报的结合。刘宝元等[134]以美国通用土壤流失方程USLE为基础，建立了适用于中国地区的土壤流失方程（Chinese Soil Loss Equation，CSLE）。该方程结合了中国地区实际土壤特性和水土保持情况，把美国土壤通用流失方程中的水土保持和农作物因子改为耕作、生物和工程因子，将该方程应用于缓坡地区，模拟效果较好。范瑞瑜[135]通过分析平均降水强度和年平均侵蚀模数之间的关系，建立了适用于黄河中游小流域的土壤侵蚀模型，该模型中采用平均坡度反映地形对土壤侵蚀的影响，简化了模型计算过程。金争平等[136]通过分析皇甫川地区小流域的资料，在土壤侵蚀量众多影响因子中找出了最主要的影响因子，根据主要因子建立了适合皇甫川地区的土壤侵蚀模型。李钜等[137]基于对黄河中下游大量淤地坝资料的分析，通过建立年降水量与年输沙量之间的函数关系，模拟多沙粗沙区的土壤侵蚀量。除上述学者之外，孙立达等[138]也都从不同角度分析了产沙的影响因素，并结合研究区域的具体情况和特征，利用统计学的方法建立了相关的土壤侵蚀经验统计公式。

2. 物理成因模型

以数理统计为基础的经验模型虽然可以较好地模拟某一小区域在某个特定时期的土壤侵蚀情况,但难以外延和移用,也无法反映具体的土壤侵蚀过程。随着人们对土壤侵蚀和流域泥沙侵蚀机理认识的不断深入,土壤侵蚀研究逐步从定性分析发展到定量解释,对其过程模拟的描述也从完全的数理统计方法发展到具有物理成因的过程模拟。近几十年来,具有物理成因的土壤侵蚀模型一直是国内外学者研究的重点,该类模型可以反映土壤侵蚀的物理过程,并且能够通过改变模型参数来反映土壤侵蚀过程的变化[139]。

1969年,Meyer[140]对土壤侵蚀涉及的降雨输移、降雨分散、径流输移和径流分散四个子过程进行了定量描述,将子单元面积上的产沙量与泥沙输移能力进行对比分析,从而计算出本单元的泥沙输出量。1986年,美国农业部以水文学、土壤物理学、入渗理论水力学和侵蚀动力学等多种学科为基础开发出著名的水蚀预报模型(Water Erosion Prediction Project Model,WEPP),该模型既可以计算坡面上任一点的侵蚀量,还可以计算出该点侵蚀量随时间的变化过程,而且可以反映土壤侵蚀产沙的空间分布过程,具备很好的外延效果[141]。后来,美国农业部对WEPP模型进行了改进和完善。与此同时,美国农业部还开发了浅沟侵蚀预报模型(Ephemeral Gully Erosion Model,EGEM),该模型可以较好地模拟浅沟年平均侵蚀量[142]。Morgan等[143]根据欧洲学者关于土壤侵蚀的研究成果,利用单位水流功率的概念建立了用于预报田间土壤侵蚀和流域土壤侵蚀量的模型。该模型考虑了植物的截留和降水的动能,将侵蚀分为细沟侵蚀和沟间的侵蚀,在欧洲平原区应用效果较好。Beasley等[144]提出非点源地区流域环境模型,该模型是基于场次洪水的具有物理意义的物理概念模型,可以模拟流域管理对土壤侵蚀和土壤沉淀的影响,模型又将泥沙运动的模拟加入其中,进而可以计算流域不同粒径的泥沙产沙和输沙的过程,模型可输出流域水文和泥沙等计算结果。

我国学者分别从试验小区域观测资料分析和次洪产沙形成过程等角度构建出很多基于物理成因过程的土壤侵蚀产沙模型[145]。谢树楠等[146]从泥沙运动的角度出发,基于九个基本假设:不考虑泥沙的黏滞性、坡度不变、均匀分布的坡面土层、不考虑前期雨强、计算时段内下渗率和降水强度不变、按静水压强考虑压强分布、一维水流考虑其坡面径流、动量系数为常数,构建出黄土丘陵沟壑区暴雨产沙模型。该模型分产流计算和产沙计算两部分,能较好地模拟中小流域的产流产沙计算。蔡强国等[147]建立了一个基于物理过程的,包含了侵蚀、产沙和输移过程的次洪产沙计算模型,该模型分为坡面、坡沟和沟道三个计算子模块,考虑了降水、径流和重力侵蚀等过程,从侵蚀的机理上对土壤侵蚀作定量分析,并尝试与地理信息系统结合,对侵蚀产沙进行量化研究,取得了初步成功。段建南等[148]针对我国干旱和半干旱地区的气候和下垫面特点，借鉴国外的土壤侵蚀建模技术，建立了坡耕地土壤侵蚀模型。汤立群[139]根据黄土地区地貌和侵蚀产沙的空间分布特点，根据流域泥沙产沙和输移的过程，将流域按照地貌特征划分为三个典型单元，分别进行土壤侵蚀量计算。模型在黄土地区小流域应用效果较好。

包为民[149]通过分析黄土高原地区土质特点和地貌特征，根据水流和泥沙在流域上产生和运动的物理原理，考虑干旱地区特殊的水文和气候特征，改进了格林——安普特下渗公式，将水文模型中常用的线性水库法及马斯京根法等概念和方法应用至河道泥沙的汇集中[150]，既考虑到水流和泥沙的共同特点，又突出泥沙的不同之处，进而提出概念化的河道汇沙和坡面汇沙计算公式，将流域内产沙过程分为坡面产沙和沟道产沙，提出坡面水流挟沙能力和土壤抗侵蚀能力两个重要概念，构建产沙模型，该模型经过团山沟、水旺沟、和子州试验场等许多黄土流域的检验，结果表明该模型模拟效果好[151]。在此基础上，包为民又针对北方超渗产流和冬季融雪等特点，进一步提出中大流域水沙耦合模拟物理概念模型[152]，模型综合考虑了大流域下垫面条件和气候条件分布不均匀的特点以及融雪径流产沙和降雨径流产沙之间的不同之处。

3. 基于 GIS 的土壤侵蚀模型

注重高新技术尤其是地理信息技术的应用已经成为模型发展和应用的必然趋势，在目前的土壤侵蚀产沙模型研究中，越来越多的模型研究结合了遥感（Remote Sensing，RS）及地理信息系统（Geographic Information System，GIS）技术[153]，研究 RS，GIS 数据源的分析、融合和利用，强调水文模型与多源遥感信息数据和地理信息系统的紧密结合。

国外对基于 GIS 的土壤侵蚀模型研究进展，包括 EUROSEM 模型[154]、ANSWERS 模型[155]、SWAT（Soil and Water Assessment Tool）模型[156]等。近年来，国内也开展了大量基于 GIS 的土壤模型研究。沈晓东等[157]建立了基于栅格数据的降雨径流模型；张小峰等[158]建立了流域产流产沙 BP 网络预报模型等；胡良军等[159]以 GIS 为工具，建立了黄土高原区域水土流失评价模型；Liu 等[160]和刘登峰等[161]以适用于宏观尺度的代表性单元流域水文模型 THREW 为基础，引入 MUSLE 的泥沙侵蚀和运移过程建立了水沙耦合模型 THREWS。熊立华等[162]提出了一个基于数字高程模型（Digital Elevation Model，DEM）的分布式流域水文模型，主要用来模拟湿润地区的蓄满产流机制。杨涛等[163]基于黄河岔巴沟流域气候和植被等下垫面条件时空变化特征的分析基础上，在全流域建立了黄河多沙粗沙区分布式流域水文模型。何姗等[164]在考虑岔巴沟流域的气候条件以及植被等下垫面条件情况下，探讨了流域产汇流模拟问题，将数字产流模型和数字汇流模型有机结合起来，建立了数字水文模型。贾媛媛等[165]以栅格 DEM 为基础，提出由水文模块和侵蚀模块两部分组成的黄土高原小流域分布式水蚀预报模型[166]。

1.2.4 存在问题与本书研究问题提出

长期以来，先后有许多学者和科研单位对黄河水沙变化问题展开研究，并取得了众多研究成果，但限于研究周期和认识水平，现阶段所采用的研究手段仍存在不足，成果往往不具有说服力。不同时期、不同区域和不同植被类型等下垫面变化环境下，黄土高原产流产沙机理的变化规律以及精确的流域水沙模拟计算仍是当前及未来研究的重点。

在水沙变化驱动因子研究中，一般把水沙及水沙关系突变点之前的时期称作为天然期，也是水沙变化成因分析的基准期，基准期的确定至关重要，对分析结果影响很大。因此，突变点的分析就显得尤为关键。目前被大家广泛熟知并使用的突变检验方法，如 MK 突变检验法、Pettitt 法、OC 法和 BG 分割法等都有一定的局限性和不确定性，相同资料不同方法确定的水沙序列突变的时间点并不完全相同，对于波动较大的水文序列，不同方法检测出的结果甚至差异很大，因此，在实际问题研究中，如何综合考虑各方法的优缺点，得出一个综合评价指标，或选择出一个适合所研究问题的分析方法，得出一个可信且具有说服力的结论，是本书待解决的第一个问题。

水沙模型一直是定量描述水沙关系及研究水沙规律的重要工具。根据模型建立的途径和发展的主要历程，土壤侵蚀模型主要可分为经验统计模型、物理概念模型和结合 GIS 等技术的土壤侵蚀模型三类。经验统计模型是根据试验流域资料和数理统计方法，选定影响土壤侵蚀量的相关因子，建立计算土壤流失量的方程式，如在国外统计模型中最具影响力的通用土壤流失方程（USLE）；物理概念模型是以土壤侵蚀的物理机制为分析基础，根据水文学、河流动力学等相关学科的基本原理，利用水流和泥沙的相似和差异性来描述土壤侵蚀产沙和流域汇沙的过程，再根据降水和径流等资料，计算出一段时间内的土壤侵蚀量，如 LISEM、WEPP 模型[167]等；结合 GIS 等技术的土壤侵蚀模型就是结合了 RS 及 GIS 技术的土壤侵蚀模型。这些模型考虑的因素不尽相同，但并不能很好地体现不同流域尺度或不同流域特征的泥沙规律，模型模拟精度及适用范围受到极大限制[101]。目前应用最广泛和比较值得推广研究的是物理概念性模型。

然而，目前大多水沙物理概念模型通常是基于气候和下垫面条件长期平稳的假设构建的，其模型参数多为静态参数，当研究流域的下垫面发生较大的变化时，依据历史资料率定的模型参数不再适用，或者在实际应用时需分段率定参数，在流域条件变化前后使用多套参数，使得模型模拟的不确定性增加。此外，目前大多数有关水土保持措施对水沙关系的影响和水沙模拟模型的研究都局限于某个试验流域或典型区域[43,168-171]，研究从某个小流域考虑多，而从整个黄土高原考虑的少，从局部考虑多，而从系统上考虑较少。因此，如何在模型中引入动态变化的气候或植被等下垫面机制，发展适用于变化环境下的黄土高原通用的流域水沙物理概念模型是本书研究的第二大问题。

1.3 研究目的和内容

1.3.1 研究目的

本书旨在研究气候条件、下垫面变化协同作用下，黄土高原流域产水产沙响应机制及变化规律，分析水沙变化的主要影响因素，结合水沙变化影响因素，改进现有的水沙物理概念模型，发展适用于变化环境下的黄土高原通用的水沙耦合概念模型，为国家的治黄重大问题提供科技支撑。

1.3.2 研究内容

本书在综合分析黄土高原水沙变化特征和水沙变化影响因素的基础上，研究气候条件、下垫面变化协同作用下，黄土高原流域产沙、产沙响应机制及变化规律，结合黄土高原水沙的主要影响因素改进包为民教授提出的水沙物理概念模型，发展适用于变化环境下的黄土高原通用的水沙耦合概念模型。本书主要研究内容如下。

（1）利用黄河高原流域主要产沙区典型流域水文站、气象站、雨量站自1950年以来的降水、流量、含沙量等水文气象观测资料，结合美国航空航天局NASA提供的MODIS全球NDVI（Normalized Difference Vegetation Index，归一化植被指数）数据产品和现场调研资料，采用滑动平均法、线性倾向估计法、累积距平法、MK突变检验法、Pettitt法、OC法、BG分割法、双累积曲线法和滑动平均差检测法等方法分析1956年以来黄土高原降水、径流、泥沙、植被以及土地利用等要素的变化趋势和特征，确定流域产流产沙的主要影响因素。

（2）在基于水沙变化特征和影响因素分析的基础上，结合水沙各主要影响因素对物理概念模型水沙计算的影响，对包为民提出的水沙耦合物理概念模型进行改进。主要从植被参数、流域抗侵蚀能力曲线和水沙误差系统微分响应反演修正三个方面对泥沙模块进行了改进，并将每项改进应用于实际流域进行应用检验和改进效果对比分析。

（3）将时变植被参数结构、时变流域抗侵蚀能力曲线结构和水沙误差系统微分响应反演修正3项改进同时运用到水沙物理概念模型中，对原模型进行综合改进，构建出适用于变化环境下的黄土高原通用的水沙耦合物理概念模型。选取黄土高原 8 个不同尺度不同特征的实际流域对综合改进后的模型进行应用检验，验证模型的计算精度和通用性。

研究思路如图 1.1 所示。

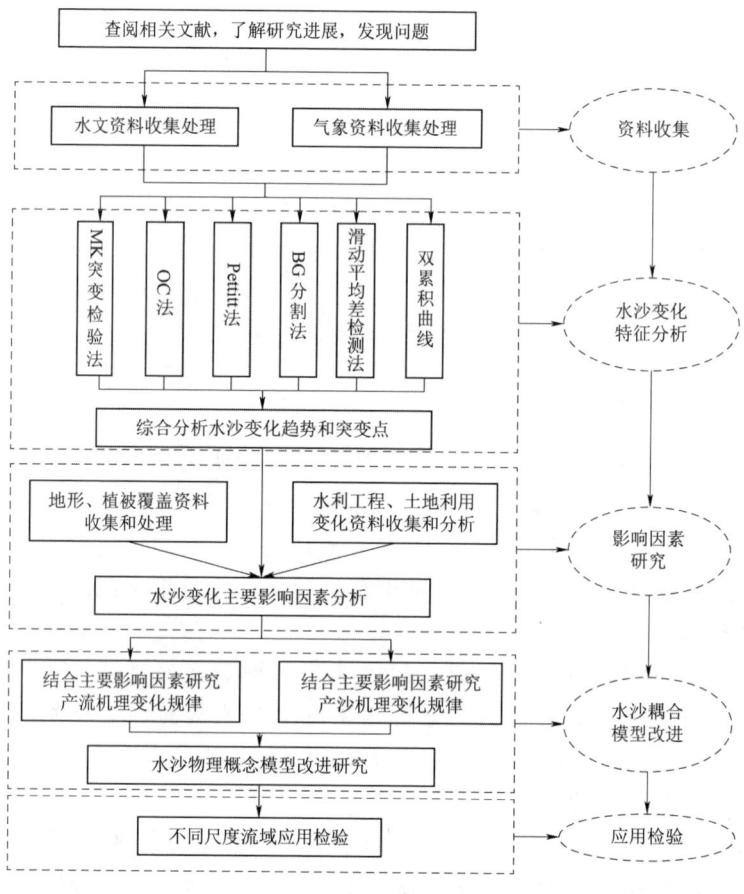

图 1.1 研究思路图

第 2 章 水沙变化特征及影响因素分析

黄河水沙变化趋势及突变点分析是研究黄河水沙问题的基础和关键。只有准确分析出黄土高原各流域水沙变化的具体特征尤其是各要素突变点位置及突变强度,才能准确分析出水沙变化的影响因素及影响因素的主次关系。本章将针对近年来黄河流域水沙锐减的问题,综合运用多种趋势分析和突变检验方法对黄土高原地区长系列水沙资料进行特征分析,结合降水、土地利用变化、植被覆盖度等资料,确定水沙变化的主要影响因素,研究气候条件和人类活动协同作用下,黄土高原流域产流产沙的变化机理,为水文模型结构改进提供着眼点和理论依据。

2.1 黄土高原概况及数据来源

黄河起源于青藏高原的巴颜喀拉山,干流全长约 5464km,流域总面积共 79.5 万 km^2,自西向东依次流经青海、四川、甘肃、宁夏、内蒙古、山西、陕西、河南、山东等九个省(自治区),最终流入渤海。从地势来看,黄河流域西高东低,由西向东可分为三个阶梯:西起青藏高原,海拔大于 3000m,为第一阶梯;中部海拔在 1000～2000m 之间,称为第二阶梯;东部大部分为平原,海拔大多在 100m 以下,称之为第三阶梯。黄河流域中西部以高原、山地为主,中东部以平原、丘陵为主。河源至内蒙古托克托县河口镇水文站为黄河上游,河口镇水文站至河南省郑州市桃花峪水文站为黄河中游,桃花峪水文站以下的河段为黄河下游。黄河流域示意如图 2.1 所示。

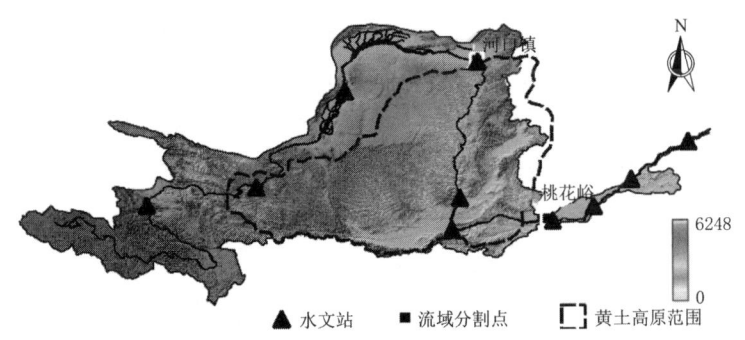

图 2.1 黄河流域示意图

本书的研究区为黄河中游段的黄土高原区，即头道拐站至潼关站之间的范围，区间干流长约1206km，流域面积为34.4万 km²，占黄河总面积的43.3%，是中国四大高原之一，也是世界上著名的大面积黄土覆盖高原。黄土高原是黄河流域主要来水来沙区，其总来水量约占黄河水量的44.3%，对黄河沙量的贡献率更是高达88.2%[32]，黄土高原区间支流较多，各支流的地形地貌和水文气象条件等差异极大，使得黄河中游水沙变化规律异常复杂。

2.1.1 流域划分

本书在对黄土高原水沙特征进行分析研究时，根据黄土高原区自然地理状况以及流域数据资料的情况，将黄土高原地区的黄河流域划分为4个子流域，分别为河龙区间、汾河流域、北洛河流域和渭河流域，如图2.2所示。

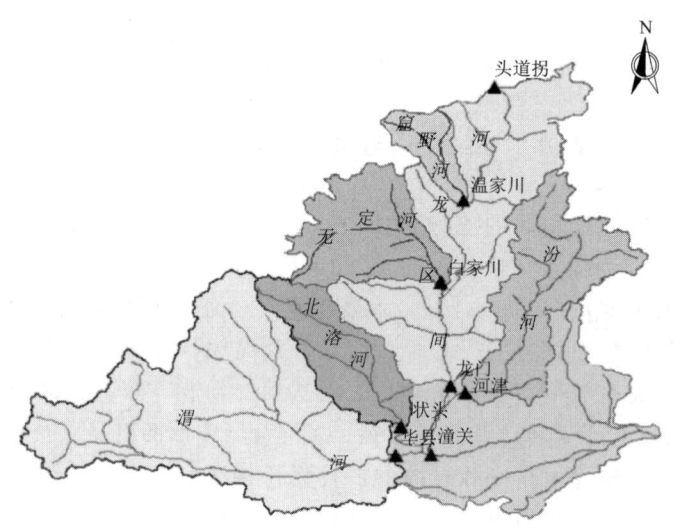

图 2.2 黄土高原子流域划分及控制站点示意图

其中，河龙区间为黄河干流国家重点水文站头道拐站至龙门站之间的控制区域，汾河流域为黄河重点水文站河津站所控制的区域，北洛河流域为重点水文站状头站所控制的区域，渭河流域为重点水文站华县站所控制区域（包含泾河和渭河）。各子流域信息见表2.1。

表 2.1　黄土高原子流域特征

流　域	水文控制站	控制面积 /万 km²	河流长度 /km	多年平均径流量 /亿 m³	多年平均输沙量 /亿 t
河龙区间	头道拐—龙门	12.97	725	46.8	5.68
汾河流域	河津	3.87	694	9.81	0.199

续表

流　域	水文控制站	控制面积 /万 km²	河流长度 /km	多年平均径流量 /亿 m³	多年平均输沙量 /亿 t
北洛河流域	状头	2.56	680	6.75	0.660
渭河流域	华县	10.65	818	67.3	3.001

注 表中多年平均值为各站 1950—2015 年实测数据的平均值。

2.1.2 地形地貌

黄土高原区范围较广，地形地貌空间变化较大，如图 2.3 所示。从整体上看，黄土高原西南部和东北部海拔较高，海拔最高处位于黄土高原最南部的渭河流域内，这些区域地貌类型多为山地；西北部及中部海拔相对较低，多为丘陵和台地；东南及中南部区域海拔最低，多为平原和台地。流域内各支流地形地貌特征差异较大。

1. 河龙区间

河龙区间流域面积为 12.97 万 km²，区间干流全长 725km。区间地势北高南低、东西高中间低，平均海拔 1000～2000m，河谷海拔一般在 600～1000m 之间。河龙区间地貌类型以黄土丘陵沟壑为主，区间内黄土覆盖面积约占总面积的 62%，风沙区面积约占总面积的 24%，基岩出露区面积约占总面积的 14%，流域内土质疏松，土层深厚，地形破碎，植被稀少，土壤透水性强，抗冲刷能力差，因此水土流失严重，是黄河中游泥沙最主要的来源区。

2. 汾河流域

汾河干流全长 694km，流域面积 3.95 万 km²，约占黄河中游面积的 11.5%，是黄土高原区间内仅次于渭河的第二大支流。流域内地势北高南低，西侧为吕梁山，东侧为太行山，流域东西两侧为石质山区，地势较高，中间为盆地，为黄土丘陵沟壑地貌，地势较为平缓，盆地与两侧山脉之间高低悬殊。

3. 北洛河流域

北洛河，也称洛河，古称洛水或北洛水，为黄河二级、渭河一级支流，干流全长 680km，流域面积 26905km²，约占黄河中游面积的 7.82%。流域内地势北高南低、西高东低，平均海拔约 1000m。北洛河上游为黄土丘陵沟壑区，面积约占流域总面积的 26.9%，区内沟壑纵横，土层深厚，地形破碎，植被较少，抗侵蚀能力极差，是北洛河粗沙主要来源地；中游为黄土丘陵林区和黄土高原沟壑区，面积约占流域总面积的 41.9% 和 23.2%[53]，下游为黄土阶地与冲积平原区，区内地势平坦，河曲发育，河床不稳定。

4. 渭河流域

渭河干流横跨甘肃东部和陕西中部，全长 818km，流域总面积 134766km²，

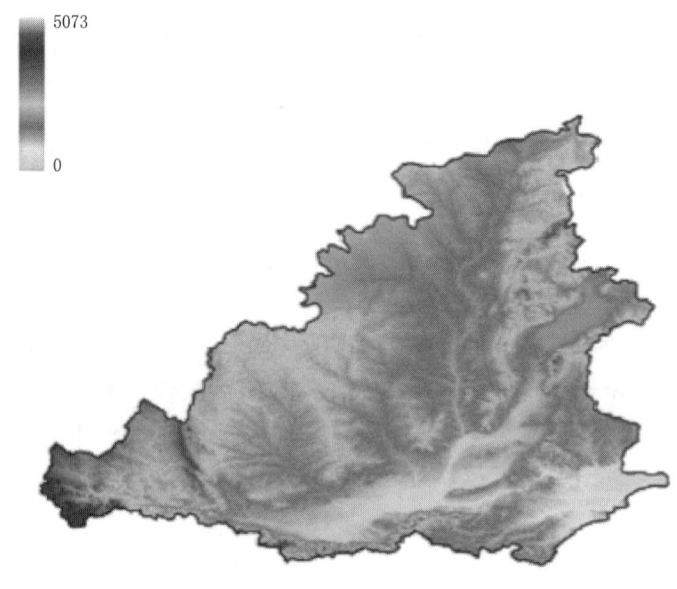

(a)高程

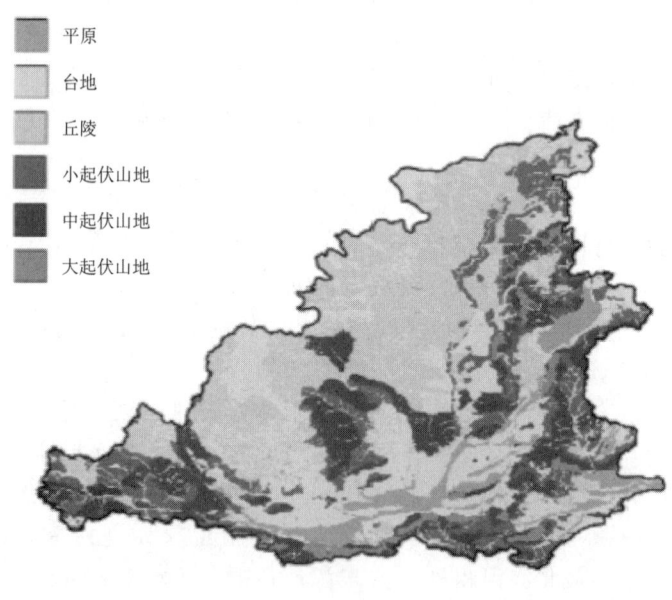

(b)地貌类型分布

图 2.3 黄土高原高程和地貌类型分布图

约占黄河中游面积的39.2%，是黄河的第一大支流。流域内地势呈西高东低的特点，平均海拔1500m，渭河上游主要为黄土丘陵区，中下游北部为黄土高原，中游流经由黄土沉积和干支流冲击形成的关中盆地。流域内支流较多，其中泾河是渭河最大的支流。

2.1.3 水文气象

1. 河龙区间

河龙区间属温带大陆性季风气候，从南到北跨越半湿润、半干旱和干旱三种气候带，平均年降水量在231～702mm之间，多年平均年降水量（1954—2015年）约为450mm。区间内降水空间分布不均，由东南向西北呈递减趋势。降水年内分配极不均匀，主要集中在7—9月，多为暴雨，约占全年降水量的62%。年平均气温在3.6～11.8℃之间，区间极端最高气温为39.9℃，极端最低气温为-32℃。

2. 汾河

汾河流域属大陆性季风气候，多年平均降水量（1954—2015年）约为505mm，年平均气温在6.2～12.8℃之间，多年平均蒸发量在1567～2063mm之间。区间内降水极不均匀，年内变化大，降水多集中在7—9月，多为大到暴雨。

3. 北洛河

北洛河属大陆性季风气候，多年平均降水量（1954—2015年）约为531mm。区间内降水空间分布不均，由东南向西北递减。降水年内分配不均，主要集中在7—9月，多为大到暴雨，约占全年降水量的76%。区间内泥沙主要来源于上游，而径流则主要来源于中下游，多年平均径流量约为9.43亿m^3。

4. 渭河

渭河流域属大陆性季风气候，冬季寒冷干燥，夏季炎热多雨，年平均气温在5～14℃之间，降水多集中于7—9月，多年平均降水量（1954—2015年）约为540mm，水面蒸发量在660～1200mm之间，由西南向东北递减。多年平均径流量约75.7亿m^3。径流空间分布不均，总体上南部大于北部，西部大于东部，中游大于下游。

2.1.4 水土保持

黄土高原采取的水土保持措施主要有种植、水保工程以及封禁治理等。其中，种植措施包括水土保持林、人工种草等，工程措施包括人造梯田、淤地坝等水利工程。黄土高原覆盖内蒙古、山西、陕西、甘肃、青海、宁夏以及河南部分地区，根据2010年黄河水利委员会首次公布的《黄河流域水土保持公报》，截至2007年年底，黄土高原各省（自治区）水土保持治理措施情况和淤地坝建设情况见表2.2和表2.3。

表2.2　　黄土高原区各省（自治区）水土保持措施统计表

省（自治区）	初步治理面积/万 km²	基本农田/万 hm²	水土保持林/万 hm²	人工种草/万 hm²	封禁治理/万 hm²	小型水保工程/万处
甘肃	5.38	179.18	218.17	107.76	32.59	20.86
宁夏	2.01	58.08	80.37	48.28	14.74	27.4
内蒙古	3.09	31.65	167.44	94.48	15.5	10.03
山西	4.13	106.35	269.15	18.13	19.17	47.03
陕西	6.07	122.54	361.64	90.56	32.73	44.99
河南	0.65	20.15	35.2	1.25	8.56	8.53
合计	21.33	517.95	1131.97	360.46	123.29	158.84

注　基本农田包括梯田、坝地、沟台地、小片水地等；小型水保工程包括谷坊、水窖等。

表2.3　　黄土高原区各省（自治区）淤地坝建设情况表

省（自治区）	淤地坝/座			总库容/万 m³	拦泥库容/万 m³	控制面积/km²
	骨干坝	中型淤地坝	小型淤地坝			
甘肃	508	372	585	45570	23636	2651
宁夏	347	324	446	51439	20747	3850
内蒙古	735	517	1124	96944	50153	4006
陕西	2555	9045	27351	593071	450044	14804
山西	1032	590	429523	213782	152695	5418
河南	178	289	1568	25107	14235	1319
合计	5355	11137	460597	1025913	711510	32048

由表2.2可以看出，黄土高原各省区实施了大范围、多类型的水土保持措施[172]。其中，黄土高原占地面积最广的三个省份为陕西、山西和甘肃，水土保持措施的数量和规模远远高于其他几个省（自治区）。由表2.3也可以看出，陕西、山西和甘肃三省淤地坝的规模和数量也远远超过其他几个省（自治区）。

2.1.5　数据来源

1. 水文气象数据

本书所使用的水文泥沙数据主要摘录自水文年鉴和由黄河水利委员会黄河水利科学研究院、黄河水利委员会水文局提供的水文站点观测资料，同时以《中国河流泥沙公报》《黄河泥沙公报》和《黄河水资源公报》等摘录的数据作为补充。

将收集的资料数据进行处理，得到黄土高原区内7个重点水文站1950—

2015年共66年的水文泥沙数据,见表2.4。其中,温家川站和白家川站由于建站时间稍晚,资料起始时间稍有延后。

表 2.4　　　　　　　　　黄土高原重点水文站资料情况

序号	站名	河名	集水面积/万 km²	资料类型	资料长度
1	头道拐	黄河	36.8	年径流量、年输沙量	1950—2015 年
2	温家川	窟野河	0.852	年径流量、年输沙量	1954—2015 年
3	白家川	无定河	2.97	年径流量、年输沙量	1956—2015 年
4	龙门	黄河	49.8	年径流量、年输沙量	1950—2015 年
5	河津	汾河	3.87	年径流量、年输沙量	1950—2015 年
6	状头	北洛河	2.56	年径流量、年输沙量	1950—2015 年
7	华县	渭河	10.7	年径流量、年输沙量	1950—2015 年

本书所使用的降水数据主要来自水文年鉴、中国气象数据网和黄河水利委员会黄河水利科学研究院、黄河水利委员会水文局提供的站点观测资料,整理后最终得到黄土高原区201个站点1954—2015年的逐年降水数据。

2. NDVI 数据

本书所使用的 NDVI 数据来自中国科学院地理科学与资源研究所提供的数据集,数据取自1981—2015年,其中1981—1997年NDVI数据分辨率为8km,1998—2015年NDVI数据分辨率为1km。

2.2　水沙变化分析方法

2.2.1　趋势分析方法

目前针对水文时间序列趋势分析的方法有很多,最常见的是线性倾向估计法、滑动平均法、累积距平法以及 Mann-Kendall 趋势分析法等。本书选用滑动平均法、线性倾向估计法和累积距平法三种趋势分析方法分析黄土高原水沙的变化趋势。

2.2.1.1　滑动平均法

滑动平均法是最基础也是最简单的一种趋势分析方法,该方法相当于低通滤波器,用时间序列确定步长的平滑值来表示序列的变化趋势。对于样本总量为 n 的序列 $x_i(i=1,2,\cdots,n)$,其滑动平均序列 $\hat{x}_j(j=1,2,\cdots,n-k+1)$ 可以用式(2.1)计算。

$$\hat{x}_j = \frac{1}{k}\sum_{i=1}^{k} x_{i+j-1} \tag{2.1}$$

式中：k 为滑动步长，一般取奇数，以便平均值可以计算到时间序列中项的时间坐标上；若取值为偶数，可以对滑动平均后的序列再取每两项的均值，以使滑动平均序列对准中项的时间坐标轴。

2.2.1.2 线性倾向估计法

对于样本量为 n 的时间序列 x_i，建立样本量 x_i 与对应时间 t_i 的一元线性回归方程：

$$x_i = a + bt_i, \quad i = 1, 2, \cdots, n \tag{2.2}$$

式中：a 为回归常数；b 为回归系数。

a 和 b 可以用最小二乘法估算得到：

$$\begin{cases} b = \dfrac{\sum\limits_{i=1}^{n} x_i t_i - \dfrac{1}{n} \sum\limits_{i=1}^{n} x_i \sum\limits_{i=1}^{n} t_i}{\sum\limits_{i=1}^{n} t_i^2 - \dfrac{1}{n} \left(\sum\limits_{i=1}^{n} t_i \right)^2}, \\ a = \overline{x} - b\overline{t} \end{cases} \tag{2.3}$$

其中

$$\begin{cases} \overline{x} = \dfrac{1}{n} \sum\limits_{i=1}^{n} x_i \\ \overline{t} = \dfrac{1}{n} \sum\limits_{i=1}^{n} t_i \end{cases} \tag{2.4}$$

根据样本量 x_i 及时间 t_i，可计算出二者之间的相关关系 r：

$$r = \sqrt{\dfrac{\sum\limits_{i=1}^{n} t_i^2 - \dfrac{1}{n} \left(\sum\limits_{i=1}^{n} t_i \right)^2}{\sum\limits_{i=1}^{n} x_i^2 - \dfrac{1}{n} \left(\sum\limits_{i=1}^{n} x_i \right)^2}} \tag{2.5}$$

回归系数 b 反映了时间序列 x_i 的变化趋势：当 $b > 0$ 时，说明 x_i 随时间 t 呈上升趋势；当 $b < 0$ 时，说明 x_i 随时间 t 呈下降趋势；当 $b = 0$ 时，说明 x_i 随时间无明显变化。b 值的大小则反映了趋势变化的速率。相关系数 r 表示序列变量 x_i 与时间 t 之间的线性相关程度，$|r|$ 越趋近于 0，说明 x_i 与时间 t 线性相关程度越小；反之，$|r|$ 越大，说明 x_i 与时间 t 线性相关程度越大。

2.2.1.3 累积距平法

累积距平法也是一种由曲线直观判断变化趋势的统计方法。对于样本量为 n 的时间序列 x_i，其 t 时刻的累积距平可以表示为

$$\hat{x}_t = \sum_{i=1}^{t} (x_i - \overline{x}), \quad t = 1, 2, \cdots, n \tag{2.6}$$

其中

$$\overline{x} = \frac{1}{n}\sum_{i=1}^{n}x_i \tag{2.7}$$

将 n 个时刻的累积距平值绘成曲线。若曲线上升,表示距平值增加,说明该时间段变量较整体均值偏多,呈增加趋势;反之,则表示距平值减小,说明该时间段变量较整体均值偏少,呈减少趋势。从曲线明显的波动起伏,可以判断序列长期显著的演变趋势及持续性变化,甚至可诊断其大致的突变时间。

2.2.2 常用突变检验法

在水沙变化驱动因子的分析与研究中,一般将水沙及水沙关系突变点之前的时段一般作为天然期,也就是分析水沙变化成因的基准期,基准期的确定对影响因素分析的结果影响很大。对黄河水沙序列突变点的分析关系到基准期的确定,因此,突变点的分析就显得尤为关键。

选取当下较为广泛使用的几种方法作为本书的突变点分析方法,如 MK 突变检验法、Pettitt 法、OC 法和 BG 分割法。

2.2.2.1 MK (Mann-Kendall) 突变检验法

MK 突变检验法是由 Mann[173] 提出的一种非参数统计检验方法,该方法最初仅用于分析序列的变化趋势,后来,Sneyers[174] 对其进行了改进,并首次将其应用于突变检验。

对于样本量为 n 的观测时间序列 x_i,构造见式(2.8)的秩序列:

$$S_k = \sum_{i=1}^{k} r_i, \quad k = 2, 3, \cdots, n \tag{2.8}$$

其中

$$r_i = \begin{cases} 1, & x_i > x_j, \\ 0, & x_i \leqslant x_j, \end{cases} \quad j = 1, 2, \cdots, i \tag{2.9}$$

S_k 表示第 i 时刻序列样本值大于第 j 时刻数值累计个数。

定义统计量

$$UF_k = \frac{S_k - E(S_k)}{\sqrt{\mathrm{var}(S_k)}}, \quad k = 1, 2, \cdots, n \tag{2.10}$$

式中:$UF_1 = 0$,UF_k 为按 $x_1, x_2, \cdots, x_n$ 顺序计算而得的统计量序列,服从标准正态分布。$E(s_k)$ 和 $\mathrm{var}(s_k)$ 分别为 s_k 的均值和方差:

$$\begin{cases} E(S_k) = \dfrac{n(n+1)}{4} \\ \mathrm{var}(S_k) = \dfrac{n(n-1)(2n+5)}{72} \end{cases} \tag{2.11}$$

对时间序列 x_i 按逆序重复上述计算过程，并使 $UB_k = -UF_k$ ($k=n, n-1, \cdots, 1$)，$UB_1=0$。绘制 UF_k 和 UB_k 曲线，若 UF_k 和 UB_k 两条曲线相交，且交点落在显著性水平区间内（$u_{0.05} = \pm 1.96$），则认为该交点是时间序列的突变点。

2.2.2.2 Pettitt 法

Pettitt 法是由 Pettitt[51] 提出的一种用于检测时间序列突变点的非参数检验方法。对于样本量为 n 的观测时间序列 x_i，构造见式（2.12）的秩序列：

$$S_k = \sum_{i=1}^{k} r_i, \quad k = 2, 3, \cdots, n \tag{2.12}$$

其中

$$r_i = \begin{cases} +1, & x_i > x_j, \\ 0, & x_i = x_j, \\ -1, & x_i < x_j, \end{cases} \quad j = 1, 2, \cdots, i \tag{2.13}$$

S_k 表示第 i 时刻观测序列值大于或小于第 j 时刻数值的累计个数，若 t_0 时刻有

$$K_{t_0} = \max|S_k|, \quad k = 2, 3, \cdots, n \tag{2.14}$$

则认为 t_0 为序列的突变点。计算 t_0 时刻的统计量：

$$P = 2\exp[-6K_{t_0}^2 / (n^3 + n^2)] \tag{2.15}$$

若 $P \leq 0.5$，则认为该突变点为显著突变点。

2.2.2.3 有序聚类法

有序聚类法的原理是找出使前后两个子序列离差平方和最小的分割点的位置。对于样本量为 n 的时间序列 x_i，其可能的突变点为 τ，则该点前后两个子序列的离差平方和分别为

$$V_\tau = \sum_{i=1}^{\tau} (x_i - \overline{x}_\tau)^2 \tag{2.16}$$

$$V_{n-\tau} = \sum_{i=\tau+1}^{n} (x_i - \overline{x}_{n-\tau})^2 \tag{2.17}$$

式中：$\overline{x}_\tau$ 和 $\overline{x}_{n-\tau}$ 分别为突变点 τ 前后两个子序列的均值。则两个子序列总的离差平方和为

$$S(\tau) = V_\tau + V_{n-\tau} \tag{2.18}$$

那么，当所划分的两个子序列的离差平方和最小，即 $S = \min\{S(\tau)\}$（$2 \leq \tau \leq n-1$）时，τ 则是待检测时间序列的突变点。

2.2.2.4 BG (Bernaola - Galvan) 分割法

BG 分割法是由美国波士顿大学 Bernaola - Galvan 等[54] 针对非平稳时间序列的特点，提出的一种突变检验的分割算法，该方法的基本思想是将非平稳时间序列的突变检验问题看作是一个序列分割问题，即将时间序列看作由多个均

值不同的子序列构成的,方法则是要找出各子序列之间均值相差最大的分割点的位置。对于样本量为 n 的时间序列 x_i,其计算步骤如下。

(1) 从左往右依此计算序列中每个点左右两边子序列的均值,分别记为 μ_{left} 和 μ_{right}。

(2) 根据 μ_{left} 和 μ_{right} 计算统计量 T:

$$T = \left| \frac{\mu_{\text{left}} - \mu_{\text{right}}}{s_d} \right| \qquad (2.19)$$

其中

$$s_d = \left(\frac{s_{\text{left}}^2 + s_{\text{right}}^2}{n_{\text{left}} + n_{\text{right}} - 2} \right)^{1/2} \left(\frac{1}{n_{\text{left}}} + \frac{1}{n_{\text{right}}} \right)^{1/2} \qquad (2.20)$$

式中:s_{left} 和 s_{right} 分别为左右两边子序列的标准差;n_{left} 和 n_{right} 分别为左右两边子序列的样本个数。

(3) 对于序列 x_i,其每个点均进行以上计算,则可得到统计量序列 $T(t)$,$T(t)$ 越大,表明该点左右两边子序列的均值相差越大。假设在 τ 时刻,$T(t)$ 达到最大值,即

$$T_{\max} = T(\tau) \qquad (2.21)$$

则认为该点是可能的突变点,计算该点的显著性水平:

$$P(\tau) \approx [1 - I_{[v/(v+\tau^2)]}(\delta v, \delta)]^\gamma \qquad (2.22)$$

式中:$\gamma = 4.19 \ln n - 11.54$,$\delta = 0.40$,$v = n - 2$ 为自由度,$I_\gamma(a, b)$ 为不完全 B 函数。设定临界值 P_0,若 $P(\tau) \geqslant P_0$(一般为 0.5~0.95),则可认为该点为突变点。

(4) 对突变点前后的两个子序列再进行如上所述计算步骤,如此重复,直至找出序列所有的突变点。

2.2.3 滑动平均差检测法

在用以上方法分析黄土高原各子流域水沙序列突变点时发现,目前用于分析、预测水沙变化采用的方法各异,相同资料不同方法确定的水沙序列突变的时间点并不完全相同。传统的突变检验方法,如低通滤波法、滑动 t 检验法、Cramer 法、Yamamot 法等,在检测过程中,由于子序列划分受人为因素影响较大,容易造成突变点漂移,检测结果往往带有主观性,缺乏可信度。而目前广泛使用的 MK 突变检验法[10-14]、Pettitt 法、OC 法[15] 和 BG 分割法等[16-17] 虽然解决了传统检验方法受主观因素影响的缺点[3],但这些方法都有一个暗指假设,即序列只有一个突变点。然而,气候序列是多尺度的,且呈现周期性的变化,因此,在序列存在多个突变点时,这些方法很难找出不同尺度和不同层次上的所有突变点。

第 2 章 水沙变化特征及影响因素分析

水文序列突变问题本质上是序列均值突变的问题，针对均值突变这一问题的特点，本书提出一种新的时间序列突变点的检测方法——滑动平均差检测法。

假设长系列的水文要素（如气温、降水、蒸发）序列是稳定的，水文要素是受太阳活动周期的影响的，随太阳活动周期的变化而变化，在太阳活动周期没有发生变化时，长系列水文气象要素平均值在统计意义上是稳定的，即不会发生突变[175]。而当均值发生突变时，则认为是水文要素的某个物理属性驱动因子出现异常，就是序列要检测的突变点。那是否可以用该平均值的差来判断系列的突变呢？由此提出采用滑动平均值之差来检测突变点的想法，滑动平均值之差物理意义明确，即平均值的改变。

时间序列突变点检测统计方法，均是基于某种统计假设计算其样本序列的检测统计量，再根据突变准则确定其突变点。这一检测过程会受到三个因素的影响。第一，时间序列的误差。包括资料观测误差、样本选择误差等，这类误差一般是零均值和常方差的随机误差。第二，时间序列本身的周期性变化。这种周期性变化受时间变量本身的常规物理属性驱使，具有确定的周期性变化规律。当没有发生突变时，周期与周期之间的均值接近常数，其平均值在统计意义上是稳定的；当周期与周期之间的均值发生突变时，则认为是时间变量的某个物理属性驱动因子出现异常，就是时间序列的突变点。第三，当检测时间序列具有反复变化（正向和反向交替出现或连续多个突变）的多个突变点时，多个突变点之间会互相影响。此时，如何能消除各个突变点之间的影响，有效地检测出这些突变点，也是突变检测方法的难点所在[176]。

对第一个因素，消除样本序列随机误差的有效方法是计算其期望均值，而对于第二和第三个因素，可以把时间序列的变化周期作为考察变量，三个因素综合考虑，选择以时间序列的常规物理周期为滑动步长的滑动平均序列作为突变点的检验序列是解决上述问题的有效方法。

假设时间序列 $X_i(i=1, 2, \cdots, n)$ 变量的常规物理周期为 p，则可以构建时间序列的正向滑动平均序列：

$$MU_i = \frac{1}{k}\sum_{j=1}^{k} X_{i-j}, \quad i=2, 3, \cdots, n; \quad k=\min(p, i-1) \quad (2.23)$$

类似地，可以构建时间序列的逆向滑动平均序列：

$$MD_i = \frac{1}{k}\sum_{j=1}^{k} X_{i+j-1}, \quad i=2, 3, \cdots, n; \quad k=\min(p, n-i+1) \quad (2.24)$$

MU_i 和 MD_i 即第 i 个样本点前后两个子序列的均值。

考虑最简单的一种理想时间序列，即只有一个突变点的时间序列（序列不存在观测误差、突变点前后都为常数），见式（2.25）。

$$X_i = \begin{cases} 10, & 1 \leqslant i \leqslant 25 \\ 0, & 26 \leqslant i \leqslant 50 \end{cases} \quad (2.25)$$

则按照式（2.23）和式（2.24）计算其正逆向滑动平均序列得：

$$\begin{cases} MU_i = 10 \cdots 10 \ 10 \ 10 \cdots 10 \ 10 \ 9 \ 8 \cdots 1 \ 0 \cdots 0 \\ MD_i = 10 \cdots 10 \ 9 \ 8 \cdots 1 \ 0 \ 0 \ 0 \cdots 0 \ 0 \cdots 0 \end{cases} \quad (2.26)$$

那么，正向和逆向滑动平均序列的差值序列为

$$\Delta M_i = |MU_i - MD_i| = 0 \cdots 0 \ 1 \ 2 \cdots 9 \ 10 \ 9 \ 8 \cdots 1 \ 0 \cdots 0 \quad (2.27)$$

点绘序列式（2.25）和式（2.27），如图 2.4 所示。发现，正向和逆向滑动平均序列的最大差值对应的点就是序列的突变点，其物理含义为该点前后子序列均值的差值达到最大，该点的突变强度即为正向和逆向滑动平均序列的差值。因此，统计量 ΔM_i 的极大值点表示该样本点前后子序列均值发生了急剧变化，即极大值点有可能是突变点，由此提出该方法的检测指标为 I_{cr}：

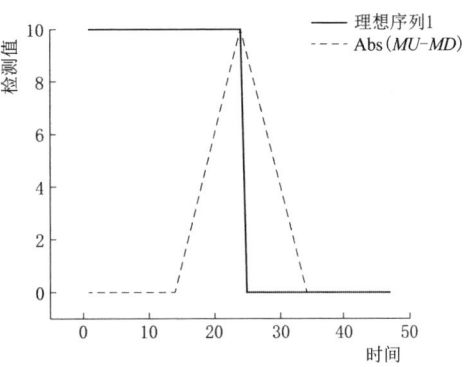

图 2.4　无误差单突变点真值序列和滑动平均差序列

$$I_{cr} = \max_i \{\Delta M_i\} \quad (2.28)$$

突变点相应的突变强度为 M_{cr}：

$$M_{cr} = \frac{\max_{\Delta M} \{\Delta M_i\}}{MU_{I_{cr}}} \quad (2.29)$$

由此可见，滑动周期 p 的确定就显得至关重要。如果滑动周期太短，则滑动序列无法抵消观测误差和年际波动误差，会增加结果的不确定性；反之，如果滑动周期过长，则会导致滑动序列过度平滑，从而会淹没突变点。本书采用小波分析水文序列的物理周期，以序列的实际物理周期作为该检测法的滑动长度，以此消除序列的周期波动对突变点检测的影响。

小波分析是 Morlet 在 20 世纪 80 年代初提出的，用于分析时间序列的周期性变化和序列在时间尺度上的变化特征[177-178]。小波分析是用一系列小波函数来近似一个信号或函数。在本书中选用常用的 Morlet 小波函数[179]来进行周期分析，Morlet 小波函数公式如下：

$$\varphi(t) = \pi^{-1/4} e^{i\omega_0 t} e^{-t^2/2} \tag{2.30}$$

式中：ω_0 为角频率；t 为时间。

则离散的小波变换公式为：

$$w_f(a,b) = |a|^{-1/2} \sum_{i=1}^{n} X_i \overline{\varphi} \frac{i\Delta t - b}{a} \tag{2.31}$$

式中：$w_f(a,b)$ 为小波系数；$\overline{\varphi}$ 为 φ 函数的复共轭；a 为小波函数的尺度因子（与周期和频率有关）；b 为平移因子（时间位置）；X_i 为离散的时间序列；Δt 为时间间隔，在本书中，资料时间间隔为 1 年。

则小波方差为：

$$\mathrm{var}(a) = \sum_{i=1}^{n} w_f(a)^2 \tag{2.32}$$

小波方差反映了周期性在小波尺度上的分布。通过小波方差图可以确定水文序列的主时间尺度（小波方差图的极大值点代表在该点对应的时间尺度上周期振动最强），即主周期。

综合以上几点要素，滑动平均差检测法滑动周期的选择应注意以下三点：

(1) 滑动周期选择不宜太短，如果太短达不到滤波器的效果。考虑到水文要素是受太阳活动周期的影响的，随太阳活动周期的变化而变化，因此滑动周期应不小于太阳的活动周期，$p \geqslant 11$。

(2) 滑动周期过长，则会导致滑动序列过度平滑，从而会淹没突变点。滑动周期的选择最好不超过整个时间序列长度的 1/2，即 $p \leqslant \frac{1}{2}n$。

(3) 当小波序列计算得到的第一主周期不在 $11 \leqslant p \leqslant \frac{1}{2}n$ 范围内时，取第二主周期，依次顺位[180]。

2.2.4 突变检验方法比较分析

由上节的介绍可知，滑动平均差检测法的结构简单，物理意义也非常明确，但方法的合理性和准确性还有待检验。为此，本书将滑动平均差检测法与目前众多研究中被广泛使用的 MK 突变检验法、Pettitt 法、OC 法和 BG 分割法四种方法进行比较分析，通过构建三种理想时间序列——无误差单突变点序列、无误差多突变点序列和有误差多突变点序列，对这五种方法进行应用检验。在理想序列的检验中，考虑到所构造的理想序列的特点，滑动平均法的滑动周期取 $p = 10$。

2.2.4.1 无误差单突变点序列

无误差单突变点序列见式（2.25）所列样本，分别用五种检测方法进行检验，结果见表 2.5、图 2.5 和图 2.6。为了把不同检测指标序列显示在同一张图中，图中的样本序列和各方法的检测指标都进行了标准化转换。转换公式见式（2.33）。

$$x'_i = \frac{x_i - \min\{x_i\}}{\max\{x_i\} - \min\{x_i\}} \quad (2.33)$$

表 2.5　　　　无误差单突变点时间序列各方法检测结果

检测方法	实际序列	滑动平均差检测法	Pettitt 法	OC 法	BG 分割法	MK 突变检验法
突变点	25~26	25~26	25~26	25~26	25~26	/
检测值	10	10	625	5.55×10^{-13}	1.64×10^9	/

从表 2.5 和图 2.5、图 2.6 结果可知，除 MK 突变检验法外，其他四种方法都准确地找出了突变点的位置，滑动平均差检测法还准确地算出了序列实际的突变强度。MK 突变检验法的两个统计量序列没有交点，所以没有检测出序列的突变点。

2.2.4.2 无误差多突变点序列

在无误差多突变点序列中设计有 5 个突变点，每个突变点前后的序列值都是常数，没有任何误

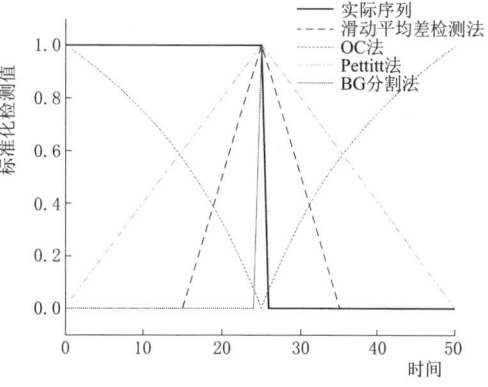

图 2.5　无误差单突变点时间序列各方法检测结果

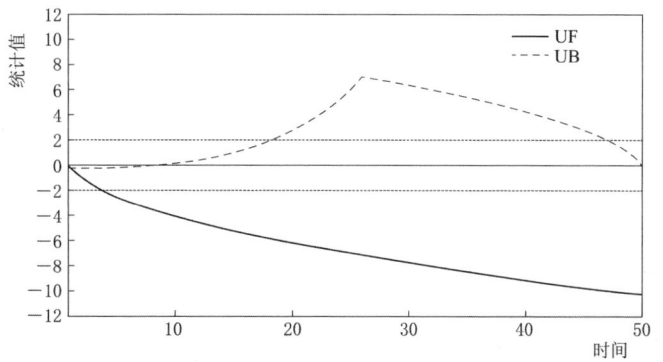

图 2.6　无误差单突变点序列 MK 突变检验法检测结果

差，序列值设置如下：

$$X_i = \begin{cases} 10, & 1 \leqslant i \leqslant 15 \\ 5, & 16 \leqslant i \leqslant 28 \\ 3, & 29 \leqslant i \leqslant 43 \\ 7, & 44 \leqslant i \leqslant 59 \\ 4, & 60 \leqslant i \leqslant 76 \\ 10, & 77 \leqslant i \leqslant 93 \end{cases} \quad (2.34)$$

五种方法检测结果见表 2.6 和图 2.7。图 2.7 中的样本序列和前四种方法的检测指标都按照式（2.33）进行了标准化转换。由表 2.6 和图 2.7 可知，滑动平均差检测法一次检测出了序列所有的突变点并计算出了序列的实际突变强度，突变位置和突变强度计算都没有误差。BG 分割法和 OC 法检测出了第 1 个和第 5 个突变点。Pettitt 法从统计量曲线上看有 1、3 和 5 三个局部极值点，但第 3 个突变点的信号较弱，没有通过其显著性水平检验，故 Pettitt 法也只检测出了第 1 个和第 5 个突变点。而对于第 2 个和第 4 个突变点，BG 分割法、OC 法和 Pettitt 法均没有检测出。按照这些方法设计，依次去除已检测出突变点的序列，再重复检测剩余序列，能检测出剩余的突变点。具体结果类似于无误差单突变点检测结果。而 MK 突变检验法，所有 5 个突变点均没能检测出。

表 2.6　　　　　　　　无误差多突变点序列检测结果

检测方法	实际序列	滑动平均差检测法	Pettitt 法	OC 法	BG 分割法	MK 突变检验法
突变点 1	15～16	15～16	15～16	15～16	15～16	no
检测值 1	5	5	915	503.2	54.6	/
突变点 2	28～29	28～29	no	no	no	no
检测值 2	2	2	/	/	/	/
突变点 3	43～44	43～44	43～44	43～44	43～44	no
检测值 3	4	4	463	693.9	11.3	/
突变点 4	59～60	59～60	no	no	no	no
检测值 4	3	3	/	/	/	/
突变点 5	76～77	76～77	76～77	76～77	76～77	no
检测值 5	6	6	1037	468.6	60.3	/

2.2.4.3　有误差多突变点序列

有误差多突变点序列设计为无误差多突变点序列加入随机误差后构成的序列，其突变点位置与突变强度见表 2.7。

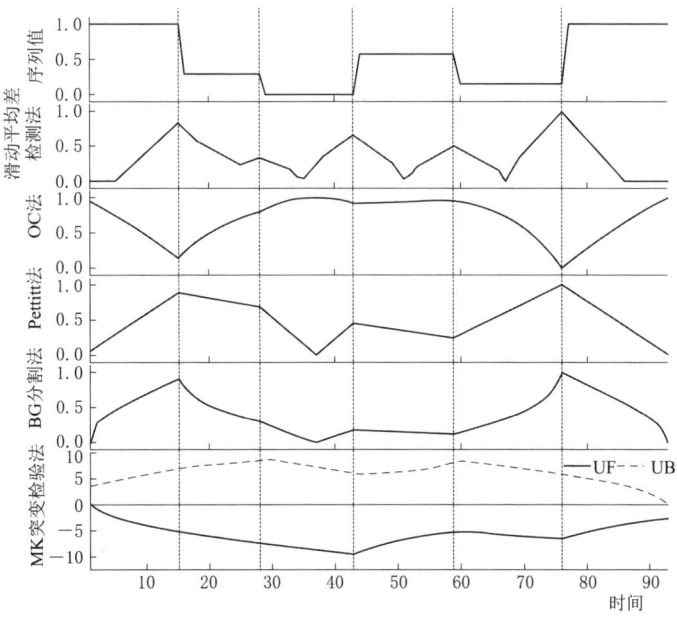

图 2.7 无误差多突变点序列各方法检测结果

表 2.7　　　　　有误差多突变点序列检测结果

检测方法	实际序列	滑动平均差检测法	Pettitt 法	OC 法	BG 分割法	MK 突变检验法
突变点 1	15～16	15～16	17～18	15～16	15～16	no
检测值 1	5	4.97	938	663	45.0	/
突变点 2	28～29	28～29	no	no	no	no
检测值 2	2	1.83	/	/	/	/
突变点 3	43～44	45～46	no	no	no	no
检测值 3	4	3.2	/	/	/	/
突变点 4	59～60	59～60	no	no	no	no
检测值 4	3	2.9	/	/	/	/
突变点 5	76～77	76～77	76～77	76～77	76～77	85～86
检测值 5	6	6.3	1006	600	49.2	—

由表 2.7 可知，滑动平均差检测法、BG 分割法、OC 法和 Pettitt 法四种方法的检测结果与无误差多突变序列的检测结果类似，依旧只有滑动平均差检测法检测出了所有突变点且同时准确计算出了突变强度，而 BG 分割法、OC 法和 Pettitt 法没有检测出突变强度较弱的三个突变点。MK 突变检验法检测的突变

点在位置85~86,但这个突变点并不是检测序列实际的突变点,检测结果为错误结果。

2.2.4.4 常用方法问题分析

把表 2.6 中各突变点的突变强度与各方法（除 MK 突变检验法）突变点检测值进行比较,发现各方法突变点检测值与其突变强度成正比关系,如图 2.8 所示。为把不同方法的检测值在同一图中表示,对各方法统计量值进行了标准化转换,其转换公式为

$$MB = 6 \times \frac{T_{BG}}{60.3} \quad (2.35)$$

$$MO = 6 \times \frac{68.6}{T_O - 400} \quad (2.36)$$

$$MP = 6 \times \frac{T_P - 400}{637} \quad (2.37)$$

式中：MB、MO 和 MP 分别为 BG 分割法、OC 法和 Pettitt 法的标准化检测值,T_{BG}、T_O 和 T_P 分别为 BG 分割法、OC 法和 Pettitt 法的原检测统计量值。

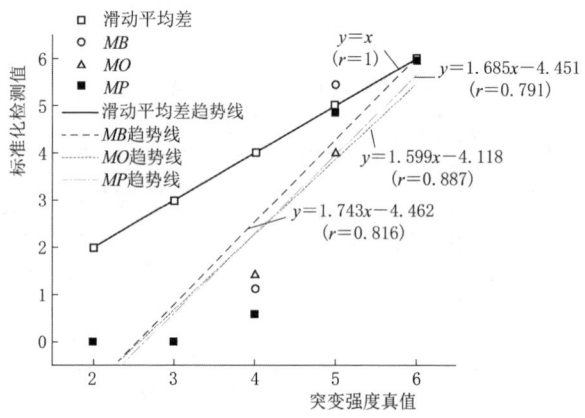

图 2.8 各突变方法检测值与突变强度真值关系图

比较各方法的检测值与实际突变强度发现,滑动平均差检测法的检测值等于其实际突变强度,表明滑动平均差检测法构造检测统计量的过程中没有损失序列的有效信息,所以准确无误地检测出了序列所有突变点。而 BG 分割法、OC 法和 Pettitt 法在构造检测统计量的过程中都损失了有效信息,而且突变强度越低,相对信息损失越大,因此,当第 2 个和第 4 个突变点的突变强度相对较小时,其有效信息损失过多甚至全部损失而无法检测出,这是这三种方法存在的共同缺点。

分析 BG 分割法、OC 法和 Pettitt 法三种方法有效信息损失的原因,作者认

为主要是方法检测统计量结构的不合理导致的。这三种方法都存在着一个暗指假设，即序列只有一个突变点，且突变点前和后为两个均值不同的平稳序列，所以当有多个突变点时，突变强度低的点的信息被强度高的点所"掩盖"而不能被检测出。如 BG 分割法，检测统计量的结构中，$\left(\dfrac{1}{n_{\text{left}}}+\dfrac{1}{n_{\text{right}}}\right)^{1/2}$ 的最大值发生在两端（$n_{\text{left}}n_{\text{right}}$ 为最小值时）、最小值发生在中间（$n_{\text{left}}n_{\text{right}}$ 为最大值时），与突变点毫无关系，所以不仅不能挖掘突变点的有效信息，反而会提供与突变点无关的有害信息。

综上，经理想序列检验和方法比较分析，可得出以下结论：

（1）当时间序列有且仅有一个突变点且为显著突变时，滑动平均差检测法、BG 分割法、OC 法和 Pettitt 法均可检测出该突变点，且结果基本一致。

（2）当突变点为两个或两个以上时，只有滑动平均差检测法能同时一次性准确检测出所有突变点，而 BG 分割法、OC 法和 Pettitt 法只能检测出部分突变点，检测出的突变点都是滑动平均差检测法检测出的突变点之一，但不一定是最大突变强度的突变点，甚至出现找出的突变点是几个突变点中突变强度最弱的情况，即三种方法都存在着突变点漂移和突变点淹没的问题。

（3）MK 突变检验法，从理想序列的检验结果看，无论是对无误差单突变点序列，还是对无误差多突变点序列和有误差多突变点序列，其均未能检测出其中的突变点，表现十分糟糕，因此该方法检测结果不具有可信度，作者认为不能用于水文序列的突变点检验，在后续的实际序列突变分析中不予采用。

（4）分析方法的局限性和不合理之处发现，常用的四种突变检验方法都有系列"只有一个突变点"的暗指假设，且均假设突变点前后两个子序列为均值不同的平稳序列，而实际序列会存在多个突变点且互相影响，当实际情况与假设条件不符时，检测统计量计算时会损失有效信息，无法检测出突变强度较低的突变点。

（5）统计方法结构的合理性有待商榷，如 BG 分割法的分母结构不太合理。

（6）滑动平均差检测法能同时检测出时间序列的多个突变点及相应的突变强度，表现出显著的优越性。滑动平均差检测法相比现有常用的四种检测方法具有四个明显的优势：①物理意义明确；②结构简单，直观易理解；③检测突变点更精确；④能一次检测出所有突变点，并计算出每个突变点的突变强度。这为流域水沙突变点检测提供了较为科学、准确的方法，值得推广使用。

2.2.5 影响因素贡献率计算方法

双累积曲线法是利用累积降水量和累积径流量（或累积输沙量）为变量作关系曲线，根据曲线斜率的变化来分析水沙关系的变化。曲线斜率的变化表示单位降水量所引起的径流量或输沙量的变化,如果斜率发生转折即认为人类活动改变了流域下垫面的产水产沙特性,曲线斜率的转折点即为水沙关系突变点。第1个突变点以前定为基准期,即认为是无人类活动影响的天然状态。通过突变点前的累积降水量和累积径流量(或累积输沙量)的拟合关系式估算天然状态下的径流量(或输沙量),突变后的实际径流量(或输沙量)与估算的天然径流量(或天然输沙量)差值即为径流量(或输沙量)受到人类活动影响的变化量[181-182],则人类活动影响的贡献率计算公式如下:

$$C_{man} = \frac{R_r - R_s}{R_s - R_b} \tag{2.38}$$

式中:R_b、R_s 和 R_r 分别为突变前基准期径流量(或输沙量)、突变后估算径流量(或输沙量)和突变后实际径流量(或输沙量),m^3;C_{man} 为人类活动对径流量(或输沙量)变化的影响贡献率。

2.3 黄土高原流域水沙变化趋势分析

2.3.1 河龙区间

2.3.1.1 年径流量变化趋势分析

据统计,1950—2015年河龙区间多年平均径流量为46.8亿 m^3,年最大径流量102.1亿 m^3,出现于1967年,年最小径流量6.54亿 m^3,出现于2011年。分别运用滑动平均差检测法、线性倾向估计法和累积距平法对河龙区间1950—2015年径流量进行趋势分析,结果如图2.9和图2.10所示。

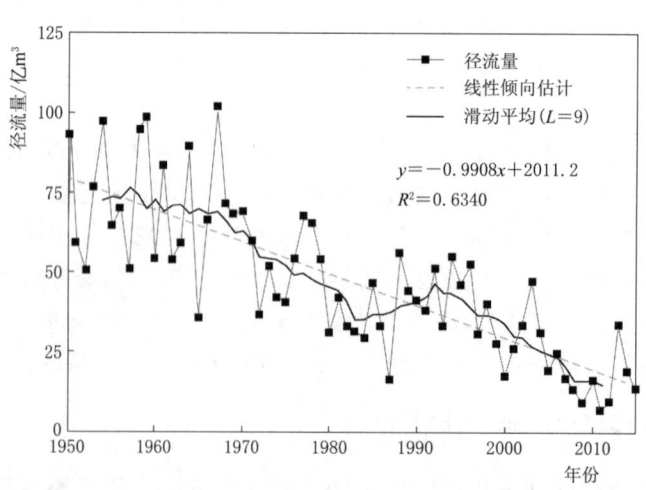

图 2.9 河龙区间年径流量滑动平均和线性倾向估计分析结果

由原年径流量序列曲线可以看出，河龙区间年径流量年际波动较大；由线性倾向估计法的趋势线可以看出，河龙区间年径流量序列总体上呈下降趋势。1950—2015年，河龙区间年径流量以0.9908亿 m^3/a 的速度减少且下降趋势显著（显著性水平为 $P=0.01$）。2006—2015年河龙区间平均年径流量比1950—1959年减少77.7%。此外，由年径流量序列九年滑动平均曲线也可以看出，除20世纪80年代中期至90年代初，年径流量呈现小幅上升趋势外，河龙区间其余时期均呈现下降趋势。

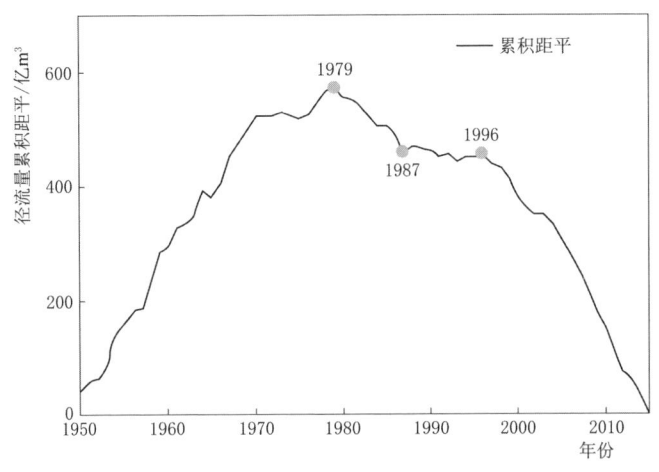

图2.10　河龙区间年径流量累积距平分析结果

分析河龙区间年径流量累积距平曲线（图2.10）可以发现，河龙区间水量的丰枯变化大致可划分为四个时期，分别是1950—1979年、1980—1987年、1988—1996年和1997—2015年。具体表现为：1950—1979年曲线总体呈上升趋势，表明这一时期河龙区间来水量很多，为丰水期，这一时期平均年径流量为65.9亿 m^3；1980—1987年累积距平曲线呈下降趋势，表明这一时期该区域水量减少，为枯水年，多年平均年径流量为35.34亿 m^3；1988—1996年曲线变化不大，走势较为平稳，多年平均年径流量为46.36亿 m^3，可算作平水期；而1996年之后，曲线持续快速下降，表明在1996年之后河龙区间径流量持续急剧减少，为枯水期，1996—2015年，河龙区间多年平均年径流量仅有22.81亿 m^3，较丰水期水量减少了67.95%。

2.3.1.2　年输沙量变化趋势分析

据统计，1950—2015年河龙区间多年平均输沙量为5.68亿t，年最大输沙量为21.4亿t，出现于1967年，2014年输沙量达到最小，降至0。河龙区间1950—2015年输沙量序列滑动平均法、线性倾向估计法和累积距平法的趋势分析结果如图2.11和图2.12所示。

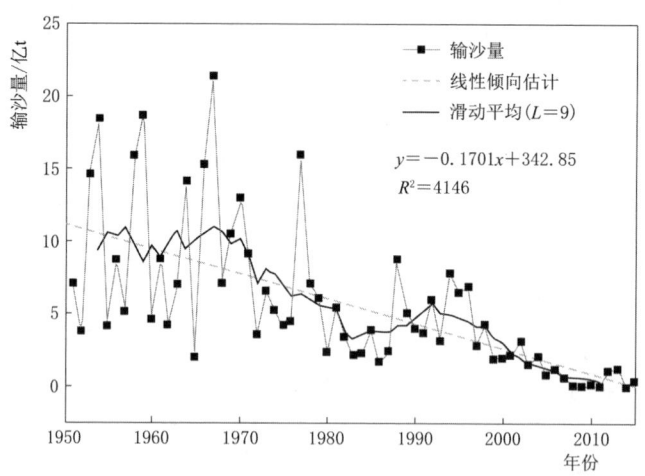

图 2.11 河龙区间年输沙量滑动平均和线性倾向估计分析结果

由图 2.11 中原年输沙量序列点折线可以看出，河龙区间年输沙量年际波动较大，且大于年径流量波动幅度；由线性倾向估计法的趋势线可以看出，自 1950 年以来，河龙区间年输沙量变化趋势与年径流量变化趋势一致，总体上也呈现下降趋势。1950—2015 年，河龙区间年输沙量约以 0.1701 亿 t/a 的速度减少，下降趋势显著（显著性水平为 $P=0.01$），2006—2015 年区间多年平均年输沙量与 1950—1959 年相比，减少幅度达 95.15%；由年输沙量序列九年滑动平均曲线可以看出，河龙区间年输沙量在 60 年代中期以前变化不大，年输沙量围绕多年平均值上下波动，20 世纪 60 年代末至 80 年代初第一次呈现出显著减小的趋势，20 世纪 80 年代至 90 年代初又出现了小幅增加，90 年代初之后，再次出现持续显著减小的趋势。年输沙量变化趋势与年径流量的变化趋势大致相同。

分析该区间年输沙量累积距平曲线（图 2.12）可以看出，年输沙量的丰枯变化与年径流量变化较为一致。整体来看，河龙区间沙量的丰枯变化大致也可划分为 4 个时期，分别是 1950—1979 年、1980—1987 年、1988—1996 年和 1997—2015 年。具体表现为：1950—1979 年曲线总体上呈明显上升趋势，表明这一时期为多沙期，平均年输沙量为 9.14 亿 t；1980—1987 年累积距平曲线呈显著下降趋势，表明该时期输沙量减少，为少沙期，平均年输沙量为 2.95 亿 t；1988—1996 年曲线无明显下降趋势，可称为平沙期，这一时期多年平均年输沙量为 5.75 亿 t；1997 年之后，曲线急剧下降，表明 1997—2015 年输沙量大幅减少，为少沙期，多年平均输沙量仅有 1.34 亿 t，较 1979 年以前平均年输沙量减少 85.34%。

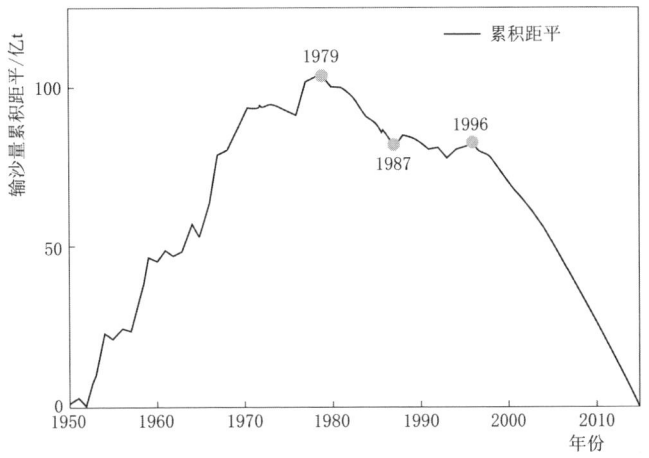

图 2.12 河龙区间年输沙量累积距平分析结果

窟野河和无定河流域是河龙区间内两个非常典型的流域,是近年来黄土高原区水土保持工程重点治理和试验区域,政府组织开展的水保措施在这两个流域成效非常显著,因此本书中对河龙区间这两个子流域也进行了单独分析和研究。

1. 窟野河流域

(1) 年径流量。据统计,1950—2015 年窟野河流域多年平均年径流量为 5.3 亿 m^3,年最大径流量为 13.66 亿 m^3,出现于 1955 年,年最小径流量为 1.25 亿 m^3,出现于 2009 年。利用滑动平均法、线性倾向估计法和累积距平法对窟野河年径流量进行分析,分析结果如图 2.13 和图 2.14 所示。

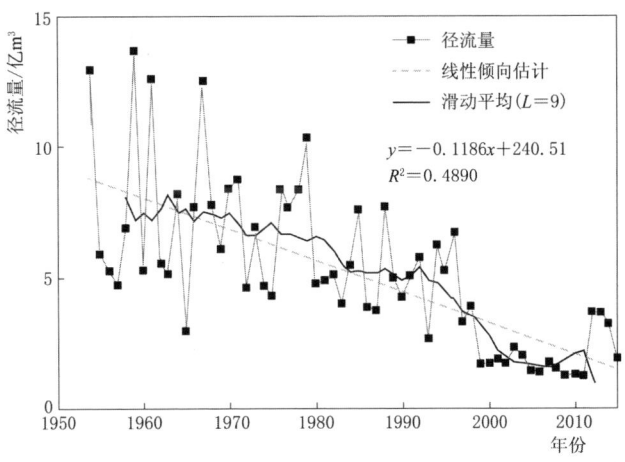

图 2.13 窟野河年径流量滑动平均和线性倾向估计分析结果

从原年径流量序列点折线可以看出,窟野河流域年径流量年际波动也较大,波动程度随时间越来越小。由线性倾向估计法的趋势线可以看出,1954年以来,窟野河流域年径流量呈现显著减小的趋势(显著性水平 $P=0.01$),约以0.1186亿 m^3/a 的速度减少,与1954—1965年相比,2006—2015年窟野河多年平均径流量减少了71.9%;从其九年滑动平均曲线上也可以看出,窟野河流域年径流量一直呈现明显的下降趋势,尤其是90年代初至2005年,下降趋势尤为显著,而在2005年以后,该流域年径流量又出现小幅回升。

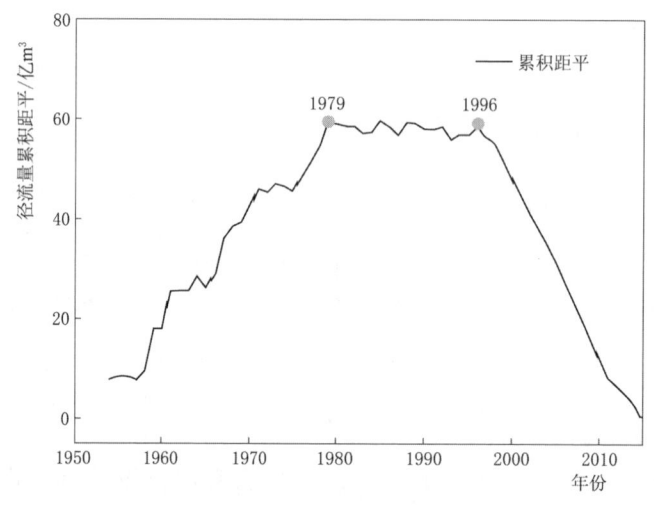

图2.14 窟野河年径流量累积距平分析结果

分析窟野河年径流量累积距平曲线(图2.14)可知,窟野河流域的年径流变化大致可分为三个时期:1954—1979年、1980—1996年以及1997—2015年。其中,1954—1979年曲线曲折上升,上升趋势显著,表明该时期水量丰沛,为丰水期,这一时期多年平均年径流量为7.51亿 m^3;1980—1996年曲线保持水平,为平水期,多年平均年径流量为5.17亿 m^3;1997—2015年曲线直线下降,表明该时期年径流量急剧减小,为枯水期,1996—2015年多年平均年径流量仅为2.15亿 m^3,较丰水期的7.51亿 m^3 减少71.37%。

(2)年输沙量。据统计,1950—2015年窟野河流域多年平均输沙量为0.77亿t;年最大输沙量为3.41亿t(1961年),2009年减小为0。采用滑动平均法、线性倾向估计法和累积距平法对窟野河年径流量进行分析,结果如图2.15和图2.16所示。

由年输沙量原序列点折线可以看出,窟野河流域输沙量年际波动非常大,远大于该流域径流量序列的波动幅度;由线性倾向估计法的趋势线可以看出,窟野河年输沙量随时间呈现下降趋势,下降趋势显著(显著性水平 $P=0.01$)。

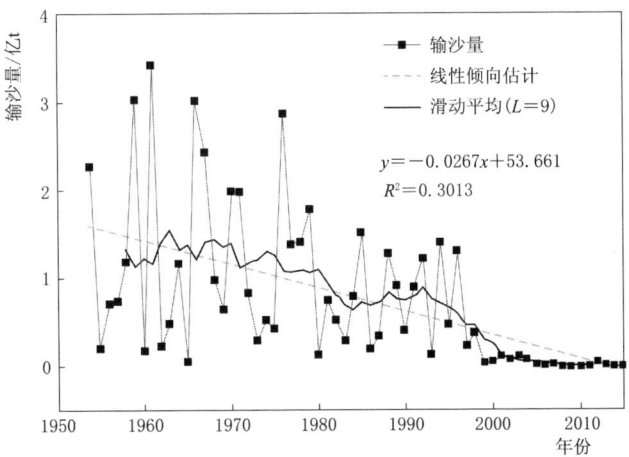

图 2.15 窟野河年输沙量滑动平均和线性倾向估计分析结果

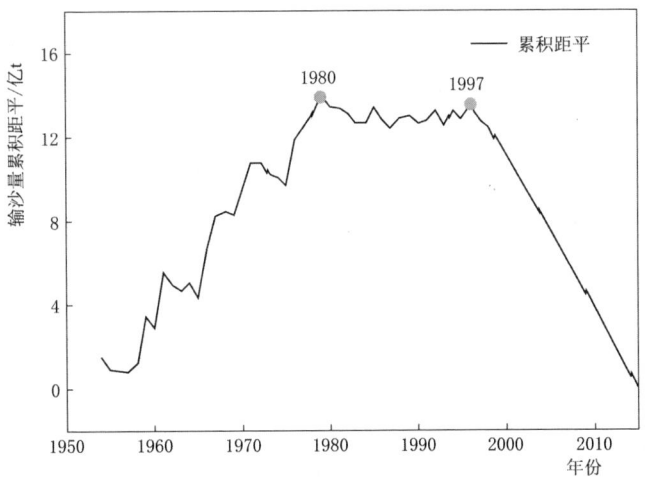

图 2.16 窟野河年输沙量累积距平分析结果

1950—2015 年，年输沙量约以每年 0.0267 亿 t 的速度减少，2006—2015 年多年平均输沙量较 1954—1965 年减少达 98.97%；从其九年滑动平均曲线看，窟野河流域年输沙量除 1954—1965 年及 80 年中期至 90 年代初这两个时期呈小幅上升趋势外，其余时间均呈现明显的下降趋势，90 年代初之后，输沙量开始急剧下降，2000 年之后，年输沙量已降至百万吨以内。

从窟野河年输沙量累积距平曲线上看，窟野河流域年输沙量的丰枯变化与其径流量的丰枯变化大致相同，丰枯变化的转折年份较径流量序列落后一年，大致也可分为三个时期，分别为：1954—1980 年，累积距平曲线曲折上升，表明该时期沙量较多,可概括为多沙期,这一时期多年平均输沙量为 1.31 亿 t;1981—1997 年,累积距平曲线围绕水平线小幅上下波动,为平沙期,多年平均输沙量为 0.736 亿 t;1998—2015 年曲线直线下降,表明该时期输沙量急剧减少,为少沙期,1998 年之后,输沙量多年平均值仅为 0.06 亿 t,较 1954—1980 年多沙期减少了 95.05%。

2. 无定河流域

(1) 年径流量。无定河流域 1956—2015 年多年平均径流量为 11.02 亿 m^3,1964 年径流量最大,为 20.15 亿 m^3,2005 年径流量最小,仅 6.09 亿 m^3。采用滑动平均法、线性倾向估计法和累积距平法对无定河年径流量进行分析,结果如图 2.17 和图 2.18 所示。

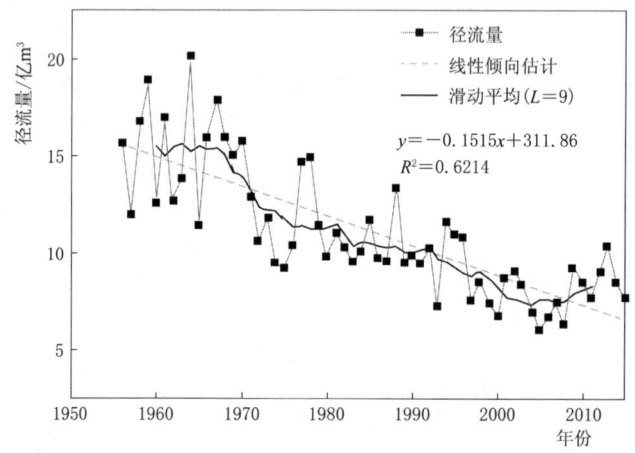

图 2.17 无定河年径流量滑动平均和线性倾向估计分析结果

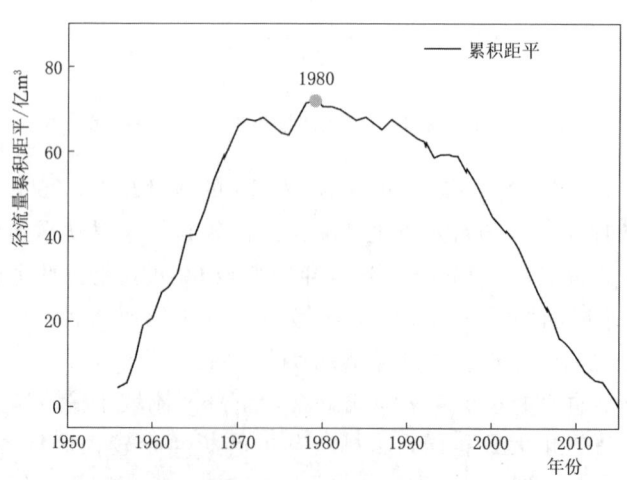

图 2.18 无定河年径流量累积距平分析结果

由图 2.17 中可以看出，无定河年径流量相较于窟野河和整个河龙区间年际波动幅度小；由线性倾向估计法的趋势线可以看出，无定河流域年径流量随时间呈明显下降趋势，1956—2015 年，其年径流量约以每年 0.1515 亿 m^3 的速度减少，减小趋势显著（显著性水平 $P=0.01$）。与 1956—1965 年相比，2006—2015 年多年平均径流量减少 46.10%；分析九年滑动平均曲线可以看出，无定河流域年径流量 1956—2005 年呈持续下降趋势，2005 年后出现小幅上升。

从其年径流量累积距平曲线上看，无定河流域年径流变化大致以 1980 年为转折点，1980 年以前曲线总体呈现持续上升趋势，表明 1980 年以前无定河水量较多，为丰水期，该时期多年平均年径流量为 13.85 亿 m^3；1980 年以后，曲线持续下降，表明流域年径流量持续减少，为枯水期，多年平均年径流量为 9.01 亿 m^3，与 1980 年以前相比减少 34.95%。

（2）年输沙量。无定河流域 1950—2015 年多年平均输沙量为 1.002 亿 t；最大年输沙量出现于 1959 年，为 4.40 亿 t，最小年输沙量出现在 2008 年，减小至 0.027 亿 t。采用滑动平均法、线性倾向估计法和累积距平法对无定河年输沙量进行分析，结果如图 2.19 和图 2.20 所示。

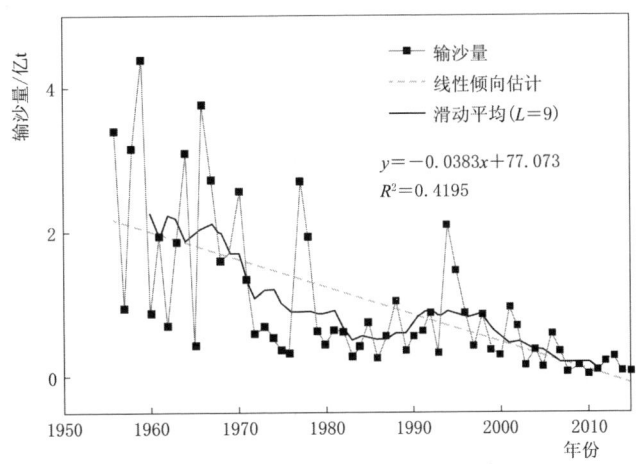

图 2.19　无定河年输沙量滑动平均和线性倾向估计分析结果

从图 2.19 可以看出，无定河流域输沙量年际波动幅度较其年径流量的波动幅度大得多；从线性倾向估计法的趋势线可以看出，无定河流域年输沙量总体上同样随时间呈下降趋势，自 1956 年开始，平均约以每年 0.0383 亿 t 的速度减少，减小趋势显著（显著性水平 $P=0.01$），与 1956—1965 年平均输沙量相比，2006—2015 年平均输沙量减少了 91.65%；分析其九年滑动平均曲线可以发现，无定河流域年输沙量序列有两个时期呈显著下降的趋势，分别为 20 世纪 60 年代中期至 80 年代中期和 20 世纪 90 年代末至 2015 年，而 80 年代初至 90 年代初年输沙量出现小幅上升的趋势。

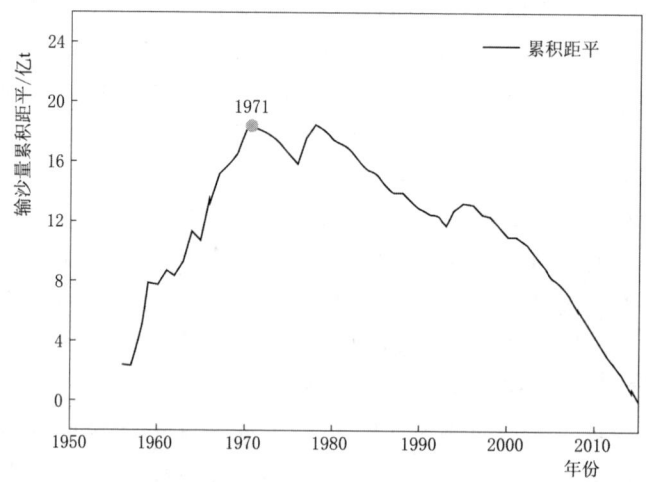

图 2.20　无定河流域年输沙量累积距平计算结果

从无定河年输沙量累积距平曲线（图 2.20）上看，无定河流域年输沙量累积距平与年径流量累积距平曲线变化情况类似，仅有一个转折点，但曲线转折时间有所差异，输沙量的分界点为 1971 年，比年径流量提前 9 年。1971 年以前，曲线持续上升，表明该时期沙量较多，为多沙期，1956—1971 年平均年输沙量为 2.15 亿 t；1972 年后，曲线曲折下降，表明输沙量持续减小，为少沙期，1972—2015 年多年平均输沙量为 0.584 亿 t，较 1971 年以前的天然期减少 72.84%。

2.3.2　汾河流域

1. 年径流量变化趋势分析

汾河流域 1950—2015 年多年平均径流量为 9.81 亿 m^3，最大年径流量为 33.47 亿 m^3，出现于 1964 年，最小年径流量为 1.50 亿 m^3，出现于 2000 年。采用滑动平均法、线性倾向估计法和累积距平法对年径流量序列进行趋势分析，结果如图 2.21 和图 2.22 所示。

由汾河流域年径流量序列点折线过程图可以看出，汾河流域年径流量年际波动幅度相对较大。由线性倾向估计法趋势线可看出，流域年径流量总体上时间呈明显下降趋势，下降趋势显著（显著性水平 $P=0.01$），年径流量约以 0.2575 亿 m^3/a 的速度减少，与 1950—1959 年平均值相比，2006—2015 年多年平均径流量减少了 69.16%。其九年滑动平均曲线显示，20 世纪 50 年代至 60 年代中期，汾河流域年径流量相较其他年份波动较为剧烈，九年滑动平均值呈小

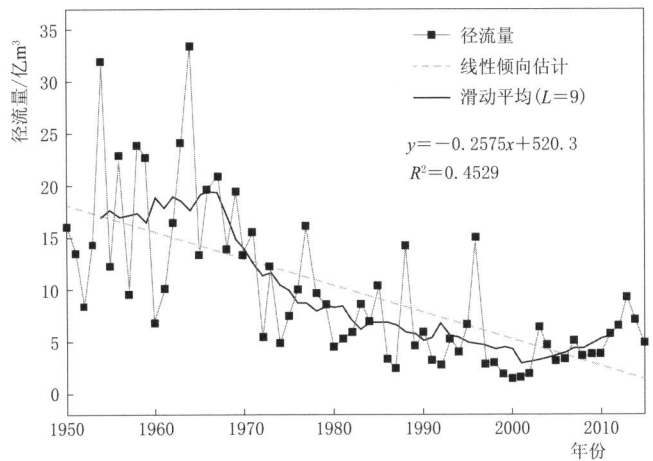

图 2.21 汾河流域年径流量滑动平均和线性倾向估计分析结果

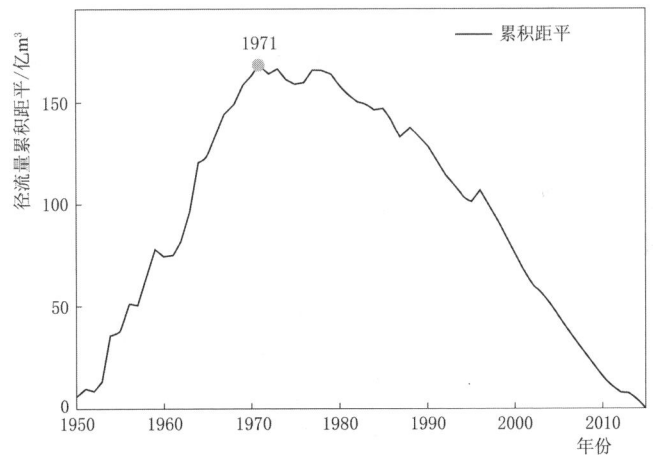

图 2.22 汾河流域年径流量累积距平分析结果

幅上升趋势;从60年代末至21世纪初则呈现明显的持续减小的趋势,其中60年代末至70年代末下降速度最快,而从80年代中期开始至21世纪初,径流量以较小速度变缓;而2000年之后,年径流量又呈现出小幅回升的趋势。

分析该流域年径流量累积距平曲线(图2.22)可以看出,汾河流域年径流量累积距平大致以1971年为转折点,可将其水量丰枯变化分为两个时期:第一个时期是1950—1971年,曲线持续上升,表示该时期汾河流域水量偏多,为丰水期,多年平均径流量为17.43亿 m^3;第二个时期是1972—2015年,曲线总体呈持续下降趋势,表示该时间段流域水量较多年平均值偏少,为枯水期,多年平均径流量为6亿 m^3,较丰水期1950—1971年减少65.58%。

2. 年输沙量变化趋势分析

汾河流域 1950—2015 年多年平均输沙量为 0.199 亿 t，最大年输沙量为 1.76 亿 t，出现于 1954 年，最小年输沙量减小为 0，开始于 2008 年，采用滑动平均法、线性倾向估计法和累积距平法对年输沙量序列进行趋势分析，结果如图 2.23 和图 2.24 所示。

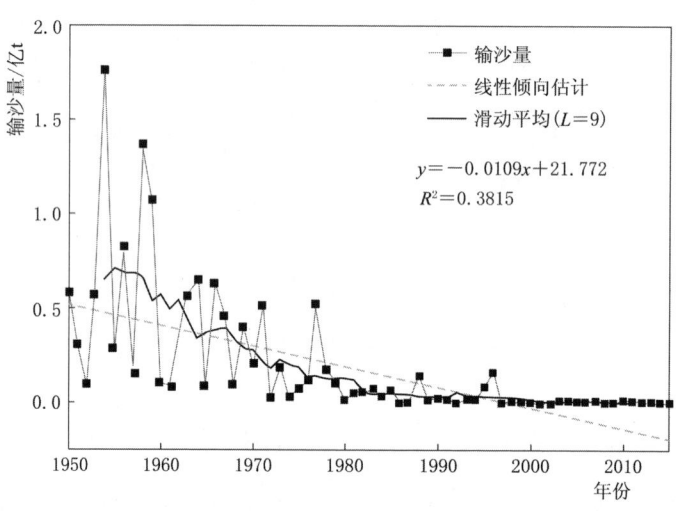

图 2.23　汾河流域年输沙量滑动平均和线性倾向估计分析结果

由图 2.23 可以看出，1970 年以前，汾河流域年输沙量较大，年际变化幅度也极大，从 1970 年开始，年输沙量明显减小，其年际波动幅度也明显减小；由线性倾向估计法的趋势线可以看出，汾河流域年输沙量总体上随时间呈下降趋势，且下降趋势显著（显著性水平 $P=0.01$）。经计算，1950—2015 年，汾河流域输沙量平均约以每年 0.0109 亿 t 的速度减少，与 1950—1959 年平均值相比，2006—2015 年平均输沙量减少了 99.69%。从其九年滑动平均曲线可以看出，自 1950 年至 20 世纪 80 年代初，汾河流域年输沙量持续急剧减少，至 1970 年，年输沙量已减少至 0.5 亿 t 以内，1980 年之后甚至减少至几百万吨，输沙量下降速度快、减小幅度大。

分析其年输沙量累积距平曲线（图 2.24）可以看出，汾河流域年输沙量累积距平与其年径流量累积距平变化过程一致，同样以 1971 年为转折点，分为两个时期。其中，1950—1971 年曲线波动上升，表明该时期沙量相对较多，为多沙期，该时期平均年输沙量为 0.51 亿 t；1971 年之后，曲线呈持续下降趋势，表明该时间段沙量较少，为少沙期，1971—2015 年平均输沙量仅为 0.05 亿 t，较 1971 年之前的多沙期减少了 90.20%。

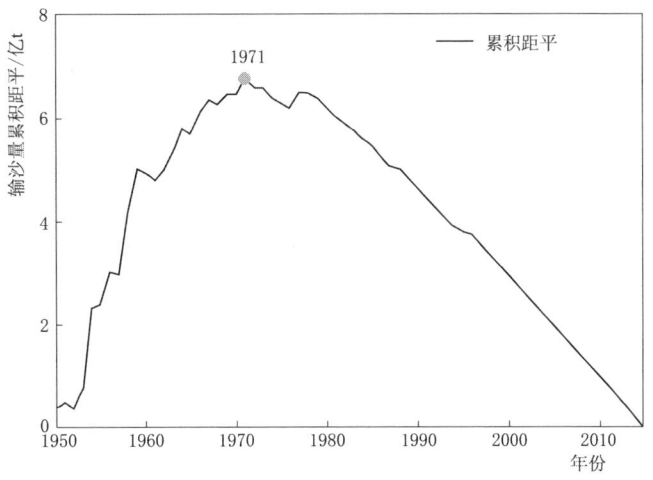

图 2.24 汾河流域年输沙量累积距平分析结果

2.3.3 北洛河流域

1. 年径流量变化趋势分析

北洛河流域 1950—2015 年多年平均径流量约为 6.75 亿 m^3，最大年径流量为 19.17 亿 m^3，出现在 1964 年，最小年径流量为 3.09 亿 m^3，出现于 1974 年，采用滑动平均法、线性倾向估计法和累积距平法对年径流量序列进行趋势分析，结果如图 2.25 和图 2.26 所示。

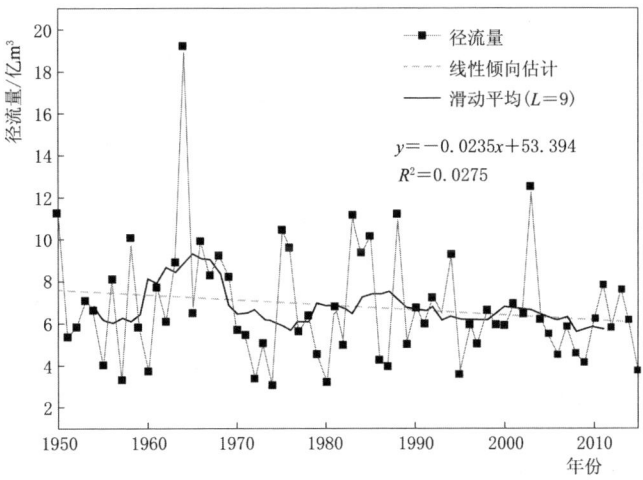

图 2.25 北洛河流域年径流量滑动平均和线性倾向估计分析结果

由其年径流量序列点折线过程图可以看出，北洛河流域年径流量波动较为强烈，年际变化幅度较大。从线性倾向估计法趋势线看，与其他几个流域不同，北洛河流域年径流量总体上没有明显的变化趋势，每年约以 0.0235 亿 m^3 的速度减少，下降趋势不显著（显著性水平 $P>0.05$），与 1950—1959 年平均径流量相比，2006—2015 年平均径流量减少 13.15%，远小于其他几个流域的减小幅度；从其九年滑动平均曲线可以看出，北洛河流域年径流量除在 20 世纪 60 年代中期有较大上升以外，其余时期径流量变化相对较为平稳。

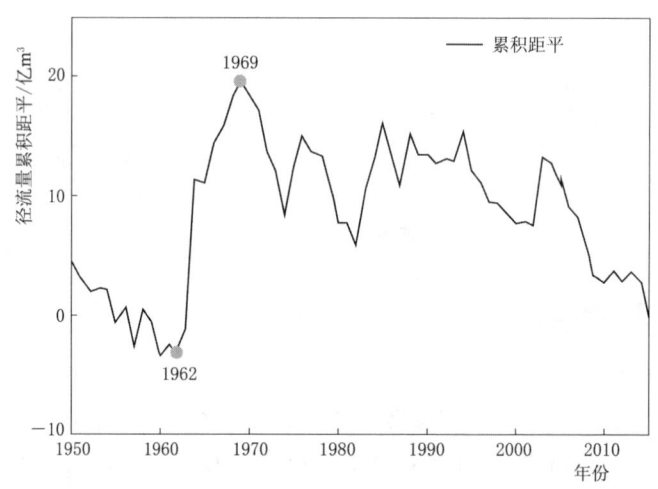

图 2.26　北洛河流域年径流量累积距平分析结果

从图 2.26 中可以看出，北洛河流域累积距平曲线波动较大，但大致有 1962 年和 1969 年两个转折点。其中，1950—1962 年，北洛河年径流量累积距平曲线呈略微下降趋势，表示该时期水量偏枯，多年平均年径流量为 6.51 亿 m^3；1963—1969 年，曲线急剧上升，水量由枯转丰，多年平均年径流量为 10.0 亿 m^3；1969 年后，累积距平曲线波动较为剧烈，总体呈略微下降的趋势，表明这一时期径流量略微减小，围绕多年平均值上下波动，水量略微偏枯，1969—2015 年多年平均年径流量为 6.32 亿 m^3，较丰水期减小 36.8%。

2. 年输沙量变化趋势分析

据统计，北洛河 1950—2015 年多年平均输沙量为 0.66 亿 t，最大年输沙量为 2.63 亿 t，出现于 1994 年，最小年输沙量仅有 0.01 亿 t，出现于 2008 年。采用滑动平均法、线性倾向估计法和累积距平法对其年输沙量序列进行趋势分析，结果如图 2.27 和图 2.28 所示。

从图中年输沙量过程曲线可以看出，北洛河流域年输沙量年际波动较大，大于其年径流量年际波动幅度；从线性倾向估计趋势线可以看出，北洛河流

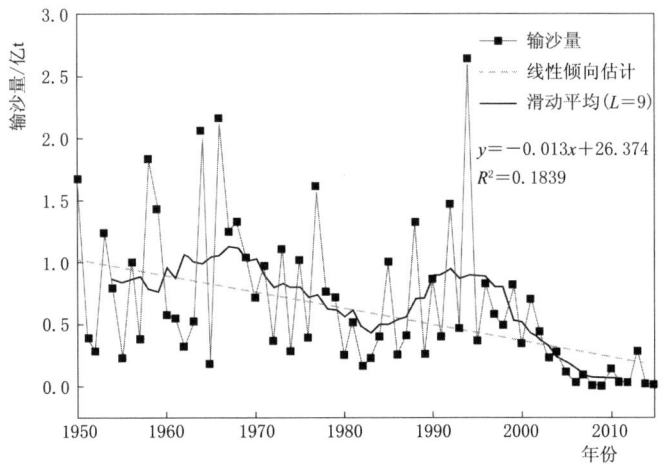

图 2.27 北洛河流域年输沙量滑动平均和线性倾向估计分析结果

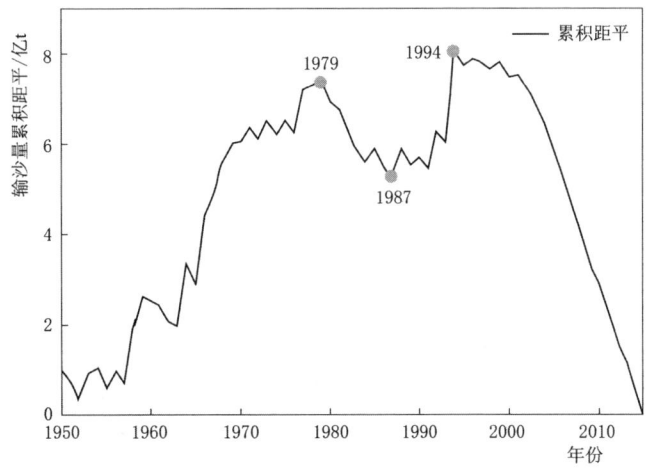

图 2.28 北洛河流域年输沙量累积距平分析结果

年输沙量总体上随时间呈减小趋势,下降趋势显著(显著性水平 $P=0.01$),约以每年 0.013 亿 t 的速度减少,2006—2015 年平均输沙量较 1950—1959 年平均值减少 92.73%;从其九年滑动平均曲线看,北洛河年输沙量减少主要发生在 20 世纪 60 年代末至 20 世纪 80 年代初以及 20 世纪 90 年代中期之后,且 20 世纪 90 年代中期之后年输沙量下降速度较 20 世纪 60 年代末至 20 世纪 80 年代初更快。而 20 世纪 50 年代至 20 世纪 60 年代末以及 20 世纪 80 年代初期至 20 世纪 90 年代中期两个时间段,年输沙量均呈现一定程度的上升趋势。

分析北洛河年输沙量累积距平曲线（图2.28）可以得出，北洛河流域输沙量丰枯变化大致有三个转折年，分别为1979年、1987年和1994年。根据曲线的变化趋势，可大致分为四个时期：1950—1979年，曲线曲折上升，表明该时期沙量较多，为多沙期，该时期多年平均输沙量为0.91亿t；1980—1987年，曲线呈快速下降趋势，表明该时期输沙量较多年平均值偏少，为少沙期，这一时期多年平均输沙量为0.4亿t；1988—1994年，曲线又转而快速上升，表明该时期沙量较多，为多沙期，多年平均输沙量为1.06亿t；1995年之后，曲线持续下降，表明该时期输沙量偏少，为少沙期，1995—2015年多年平均输沙量为0.28亿t，尤其是2002年之后，曲线急速下降，表明输沙量大幅减少。

2.3.4 渭河流域

1. 年径流量变化趋势分析

渭河流域1950—2015年多年平均径流量为67.26亿m^3，最大年径流量为187.09亿m^3（发生于1964年），最小年径流量为16.83亿m^3（发生于1997年）。采用滑动平均法、线性倾向估计法和累积距平法对其年径流量序列进行趋势分析，结果如图2.29和图2.30所示。

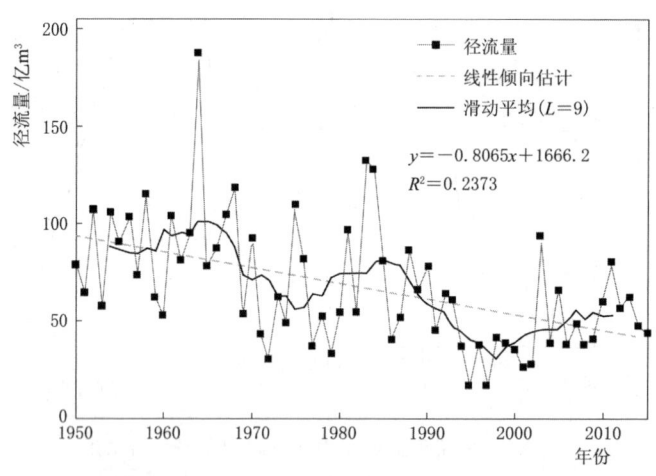

图2.29 渭河流域年径流量滑动平均和线性倾向估计分析结果

从渭河流域年径流量序列曲线来看，该流域年径流量年际波动相对较大。线性倾向估计趋势线显示，渭河流域年径流量总体上呈下降趋势，其径流量约以每年0.8065亿m^3的速度减少，下降趋势显著（显著性水平$P=0.01$），2006—2015年平均径流量较1950—1959年减少35.96%；从其九年滑动平均曲线的变化情况可以看出，渭河流域年径流量主要有两个减少的时期，分别在20世纪60年代中期至20世纪70年代中期以及20世纪80年代中期至20世纪 90 年代末，1965 年以前，年径流量滑动平均呈小幅上升趋势，20 世纪 70 年代中期至 20 世纪 80 年代中期以及 1998 年以后，年径流量则呈较为明显的上升趋势。

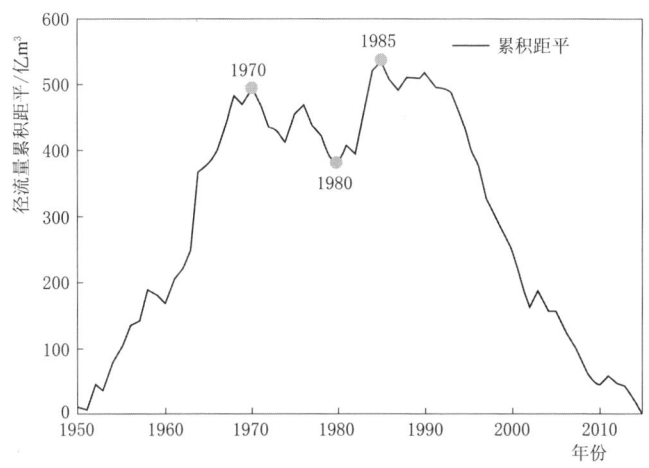

图 2.30　渭河流域年径流量累积距平分析结果

从图 2.30 可以看出，渭河流域径流量丰枯变化大致可分为四个时期：1950—1970 年，累积距平曲线呈上升趋势，表明这时期径流量偏多，水量较为丰沛，为丰水期，这一时期平均年径流量为 90.88 亿 m^3；1971—1980 年，曲线有波动但总体呈下降趋势，为枯水期，平均年径流量为 55.57 亿 m^3；1981—1985 年，曲线上升，表明水量偏多，为丰水期，平均年径流量为 98.44 亿 m^3；1985 年之后，曲线曲折下降，表明径流量持续偏少，为枯水期，1985—2015 年平均年径流量为 46.39 亿 m^3，较 1970 年之前的天然期水量减少约 48.95%。

2. 年输沙量变化趋势分析

渭河流域 1950—2015 年多年平均输沙量为 3.00 亿 t，最大年输沙量为 10.61 亿 t（发生在 1964 年），最小年输沙量为 0.22 亿 t（发生在 2014 年），采用滑动平均法、线性倾向估计法和累积距平法对其年输沙量序列进行趋势分析，结果如图 2.31 和图 2.32 所示。

从年输沙量序列曲线可以看出，渭河流域年输沙量年际波动也较大。从线性倾向趋势线可以看出，渭河流域输沙量总体上呈下降趋势，输沙量约以每年 0.061 亿 t 的速度减少，下降趋势显著（显著性水平 $P=0.01$），2006—2015 年多年平均输沙量较天然期 1950—1959 年减少了 83.15%。从其九年滑动平均曲线看，渭河流域输沙量除 20 世纪 50 年代至 60 年代中后期呈小幅上升趋势外，其余时间均呈稳定下降趋势。

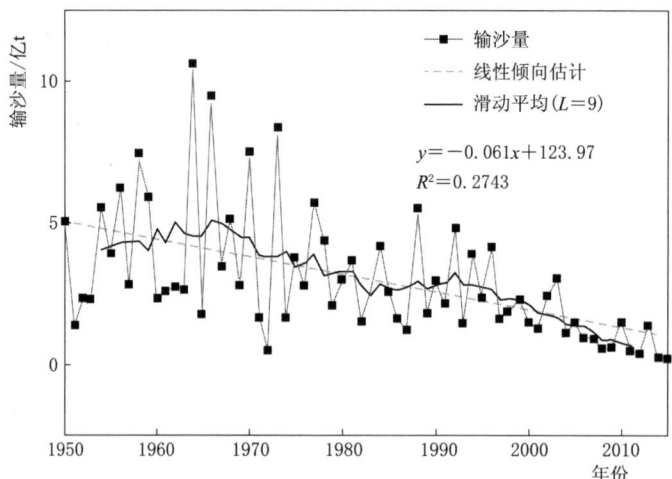

图 2.31 渭河流域年输沙量滑动平均和线性倾向估计分析结果

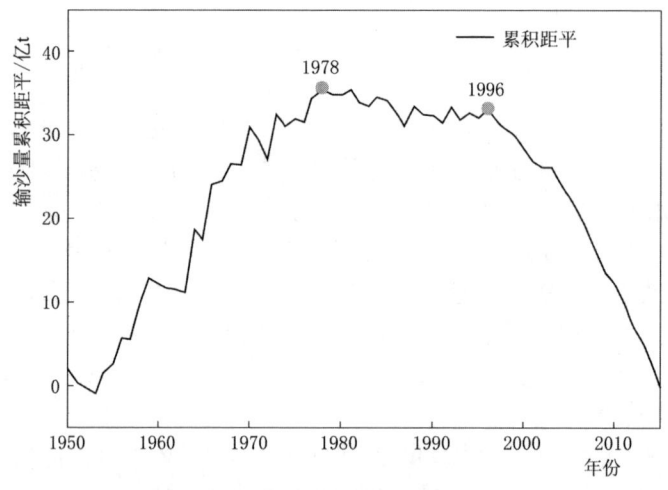

图 2.32 渭河流域年输沙量累积距平分析结果

由图 2.32 可知，渭河流域输沙量累积距平曲线变化大致以 1978 年和 1996 年为分界点，可由此分为三个时期：第一时期为 1950—1978 年，曲线波动上升，表示该时期渭河流域沙量较多，为多沙期，该时期多年平均输沙量为 4.23 亿 t；第二时期为 1979—1996 年，曲线基本较为平稳，大致围绕水平线上下波动，表明该时期为平沙期，多年平均输沙量为 2.86 亿 t；第三时期为 1997—2015 年，曲线呈直线下降趋势，表明该时期输沙量较多年平均值小，为少沙期，该时期多年平均输沙量仅有 1.25 亿 t，较多沙期减少约 70.45%。

2.4 黄土高原流域水沙突变点分析

2.4.1 河龙区间

河龙区间1950—2015年径流量和年输沙量序列突变检测结果见表2.8。

表2.8　河龙区间1950—2015年径流量和年输沙量序列突变检测结果

检测对象	突变点	突变强度	突变年份			
			滑动平均差检测法	Pettitt法	OC法	BG分割法
年径流量	突变点1	19.4	1970	1970[2]	1970[2]	1970[2]
	突变点2	15.1	1979	1979[1]	1979[1]	1979[1]
	突变点3	21.5	2004	1998[2]	2004[2]	2004[2]
年输沙量	突变点1	3.32	1971	1971[2]	1971[2]	1971[2]
	突变点2	2.66	1979	1979[1]	1979[1]	1979[1]
	突变点3	3.33	2002	1998[2]	1998[2]	2002[2]

注　上标1、2表示各突变点被检测出的顺序。

分析年径流量的检测结果可以发现，四种方法均检测出河龙区间年径流量序列存在着三个突变点。且四种方法对前两个突变点1970年和1979年的判定完全一致，但对第3个突变点的判定略有差异，其中滑动平均差检测法、OC法和BG分割法的检测结果相同，均为2004年；而Pettitt法的检测结果为1998年，比其他三种方法提前了6年。分别计算1979—1998年、1999—2015年，1979—2004年以及2005—2015年的多年平均径流量，分别为40.21亿m^3、21.32亿m^3、37.93亿m^3和16.41亿m^3，由此可以算出1998年前后年径流量序列的均值变化为18.89亿m^3，2004年前后年径流量序列的均值变化为21.52亿m^3，显然，2004年前后年径流量的变化强度比1998年更大。因此，有理由认为2004年为河龙区间的第3个突变点，在此检测中，滑动平均差检测法、OC法和BG分割法的检测结果合理，而Pettitt法的检测结果出现了漂移的现象。

综上，河龙区间1950—2015年径流量序列存在三个突变点，分别为1970年、1979年和2004年。从突变强度看，2004年径流量突变强度最大，1970年次之，1979年最小，Pettitt法、OC法和BG分割法最先检测出的突变点为1979年，而其并非序列中突变强度最大的突变点。

分析年输沙量序列的检测结果可以发现，该流域年输沙量的检测结果与径流量检测结果大致一致，表明河龙区间径流和泥沙变化相对比较同步。各方法同样均检测出序列中存在三个突变点,四种方法都准确检测出了1971年和1979年这两个突变点,但检测出的第3个突变点略有不同,其中滑动平均差检测法和BG分割法的检测结果相同,为2002年;Pettitt法和OC法的检测结果相同,为1998年。同样,分别计算这两个年份前后子序列的均值,1979—1998年、1999—2015年、1979—2002年和2003—2015年的多年平均输沙量分别为4.42亿t、1.11亿t、4.06亿t和0.73亿t,由此可以算出1998年和2002年前后年输沙量序列的均值差分别为3.31亿t和3.33亿t,2002年的前后的变化强度更大,因此取2002年作为第3个突变点更为合理。

综上,河龙区间年输沙量存在三个突变点,分别为1971年、1979年和2002年,只有滑动平均差检测法和BG分割法准确检测出了所有突变点。从突变强度看,1971年和2002年输沙量突变强度较为接近,1979年突变强度较小。而此时,Pettitt法、OC法和BG分割法最先检测出的突变点却为1979年,并非序列中突变强度最大的突变点。对应绘出水文序列和各检测方法的统计量计算值,如图2.33所示。

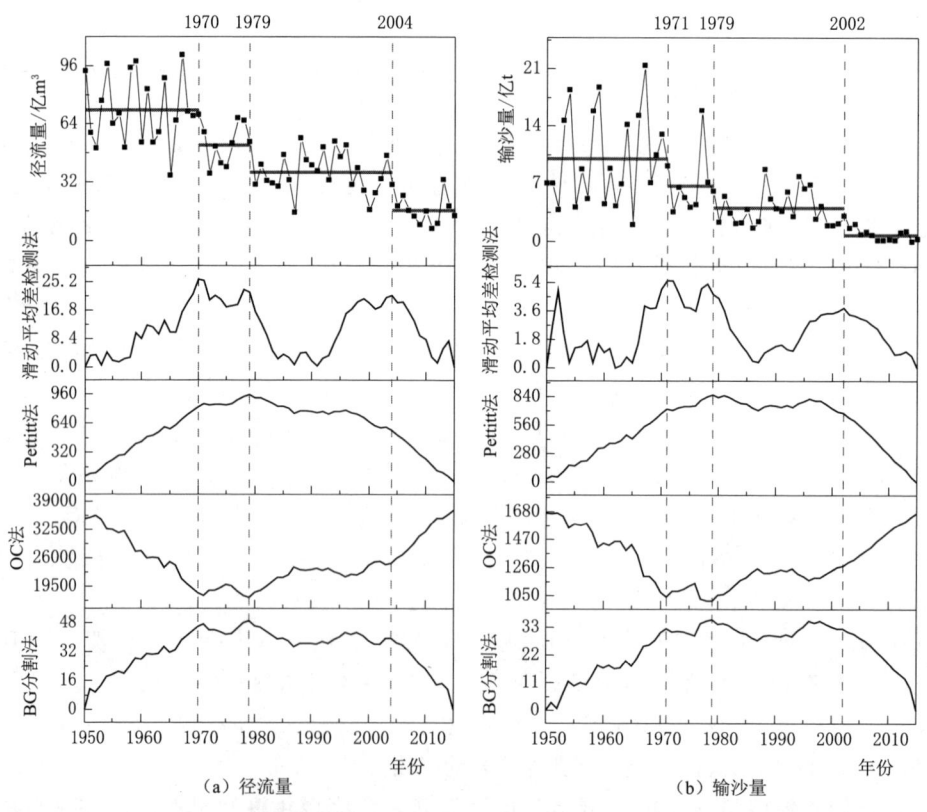

图2.33 河龙区间1950—2015年径流量及年输沙量突变检验结果

由图 2.33 可以看出，河龙区间年径流量和年输沙量序列明显存在着 3 次均值跃变，滑动平均差检测法统计量序列的每个极大值点都代表着一个突变年份，而其他几种方法的统计量序列值得极大（或极小值点）并不完全准确对应了时间序列的突变点，存在着突变点被淹没和突变点漂移的情况。

按照检测出的突变年份将河龙区间年径流量和年输沙量分别划分为四个阶段，分别计算四个时期年径流量和年输沙量的多年平均值，见表 2.9。由表可知：1950—1970 年，平均年径流量为 71.7 亿 m^3；1971—1979 年，平均年径流量为 52.4 亿 m^3，较前一时期减少 19.3 亿 m^3，减小幅度为 26.9%；1980—2004 年，平均年径流量为 37.3 亿 m^3，较前一时期减少 15.1 亿 m^3，减小幅度为 28.8%；2005—2015 年，平均年径流量为 16.4 亿 m^3，较前一时期减少 20.9 亿 m^3，减小幅度高达 56.0%。1950—1971 年，平均年输沙量为 10.04 亿 t；1972—1979 年，平均年输沙量为 6.65 亿 t，较前一时期减少 3.39 亿 t，减小幅度为 33.8%；1980—2002 年，平均年输沙量为 3.98 亿 t，较前一时期减少 2.67 亿 t，减小幅度为 40.2%；2003—2015 年，平均年输沙量为 0.73 亿 t，较前一时期减少 3.25 亿 t，减小幅度高达 81.6%。

表 2.9　河龙区间 1950—2015 年径流量及年输沙量序列突变点前后统计值

变化阶段	平均年径流量/亿 m^3	变化幅度/%	变化阶段	平均年输沙量/亿 t	变化幅度/%
1950—1970 年	71.7	—	1950—1971 年	10.04	—
1971—1979 年	52.4	−26.9	1972—1979 年	6.65	−33.8
1980—2004 年	37.3	−28.8	1980—2002 年	3.98	−40.2
2005—2015 年	16.4	−56.0	2003—2015 年	0.73	−81.6

进一步分析本书所选河龙区间内两个典型子流域窟野河流域和无定河流域的突变过程，看典型子流域的突变年份是否与整个河龙区间一致。

1. 窟野河流域

窟野河流域 1954—2015 年径流量和年输沙量序列突变检测结果见表 2.10。

表 2.10　窟野河流域 1954—2015 年径流量和年输沙量序列突变检测结果

检测对象	突变点	突变强度	突变年份			
			滑动平均差检测法	Pettitt 法	OC 法	BG 分割法
年径流量	突变点 1	2.34	1979	1979[2]	1979[2]	1979[2]
	突变点 2	3.02	1996	1996[1]	1996[1]	1996[1]
年输沙量	突变点 1	0.578	1979	1979[2]	1979[2]	1979[2]
	突变点 2	0.671	1996	1996[1]	1996[1]	1996[1]

注　上标 1、2 表示各突变点被检测出的顺序。

由表 2.10 可以看出，各突变检测方法对窟野河流域年径流量和年输沙量的检测结果完全一致。年径流量序列和年输沙量序列均存在两个突变点，分别为 1979 年和 1996 年，且 1996 年突变强度均大于 1979 年。由此可见，窟野河流域年径流量序列和年输沙量序列变化较为同步。对应画出水文序列和各检测方法的统计量计算值，如图 2.34 所示。

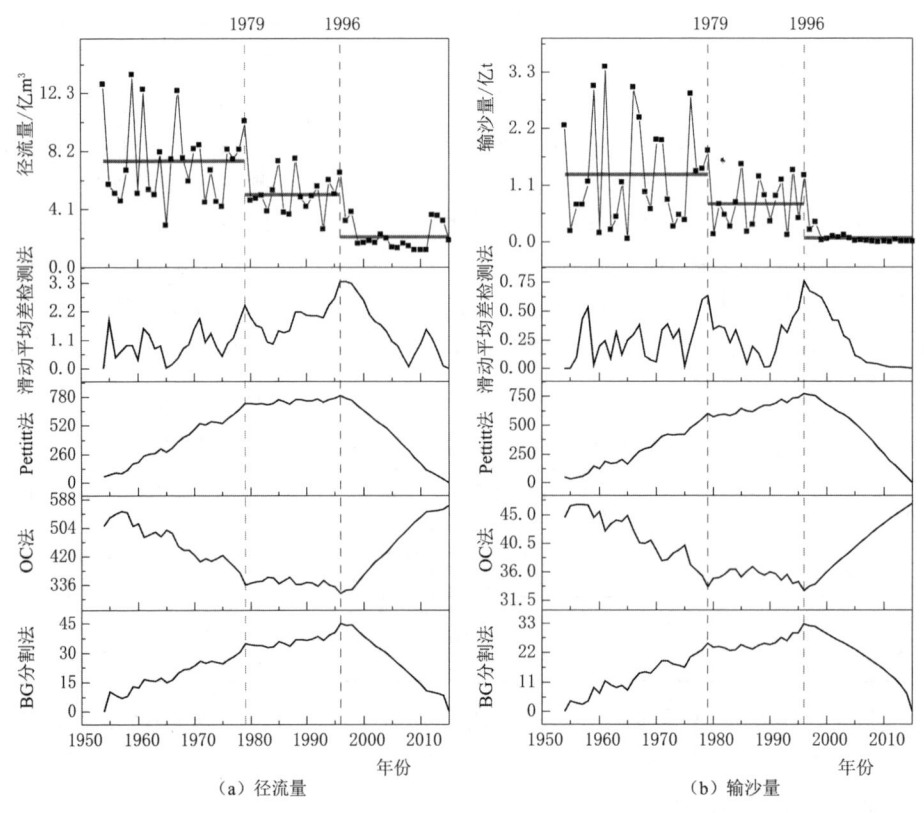

图 2.34　窟野河流域 1954—2015 年径流量及年输沙量序列突变检测结果

由图 2.34 看出，窟野河流域年径流量和年输沙量存在着两次均值跃变，各方法统计量计算值的极值点或转折点都对应着突变年份。

按照突变检测结果，将窟野河流域年径流量和年输沙量划分为三个阶段，各阶段水沙情况见表 2.11。三个时期分别为：1954—1979 年，1980—1996 年和 1997—2015 年。其中，1954—1979 年平均年径流量和平均年输沙量分别为 7.51 亿 m^3 和 1.314 亿 t；1980—1996 年平均年径流量和平均年输沙量分别为 5.17 亿 m^3 和 0.736 亿 t，较上一时期分别减少 2.34 亿 m^3 和 0.578 亿 t，减小幅度分别为 31.2% 和 44.0%；1997—2015 年，平均年径流量和平均年输沙量分别为 2.15 亿 m^3 和 0.065 亿 t，较前一阶段减少 3.02 亿 m^3 和 0.671 亿 t，减小幅度分别为 58.4%

和91.2%。由此可见，窟野河流域1996年水沙的减小幅度远大于1979年。

表2.11 窟野河流域1954—2015年径流量及年输沙量序列突变点前后统计值

变化阶段	平均年径流量/亿 m³	变化幅度/%	变化阶段	平均年输沙量/亿 t	变化幅度/%
1954—1979年	7.51	—	1954—1979年	1.314	—
1980—1996年	5.17	−31.2	1980—1996年	0.736	−44.0
1997—2015年	2.15	−58.4	1997—2015年	0.065	−91.2

2. 无定河流域

无定河流域1956—2015年径流量和年输沙量序列突变检测结果见表2.12。

表2.12 无定河流域1956—2015年径流量和年输沙量序列突变检测结果

检测对象	突变点	突变强度	突 变 年 份			
			滑动平均差检测法	Pettitt法	OC法	BG分割法
年径流量	突变点1	4.58	1971	1971[2]	1971[1]	1971[1]
	突变点2	2.75	1996	1988[1]	1996[2]	1996[2]
年输沙量	突变点1	1.40	1971	1979[1]	1970[1]	1971[1]
	突变点2	0.182	2002	2002[2]	2002[2]	2002[2]

注 上标1、2表示各突变点被检测出的顺序。

从中可以看出，除Pettitt法外，各突变点检测方法的结果较为一致。

对于年径流量序列，所有方法均检测出序列有两个突变点，第1个突变点均检测出为1971年，Pettitt法检测的第2个突变点为1988年，而其他三个方法检测结果均为1996年。分别计算1988年和1996年前后序列的均值差可以发现，1996年前后，年径流量的变化幅度大于1988年，因此可以判定，1996年为真正的第2个突变点，1971年的突变强度大于1996年。

无定河流域年输沙量序列检测结果同理，各方法同样均检测出序列存在两个突变点，除Pettitt法第1个突变点有所不同外，其他三种方法的检测结果大致一致，两个突变点分别为1971年和2002年。采用同样的方法，判定1971年和1979年前后年输沙量序列的变化程度，可以判断出1971年为变化幅度更大的点，因此1971年为年输沙量序列真正的第1个突变点，且1971年突变强度比2002年大。画出无定河流域水文序列和各突变检测方法统计量计算值曲线，如图2.35所示。

由图可以看出，无定河流域年径流量和年输沙量均值存在着2次明显的跃变。按照突变检验结果，大致可将其水沙序列划分为三个阶段，各阶段水沙情

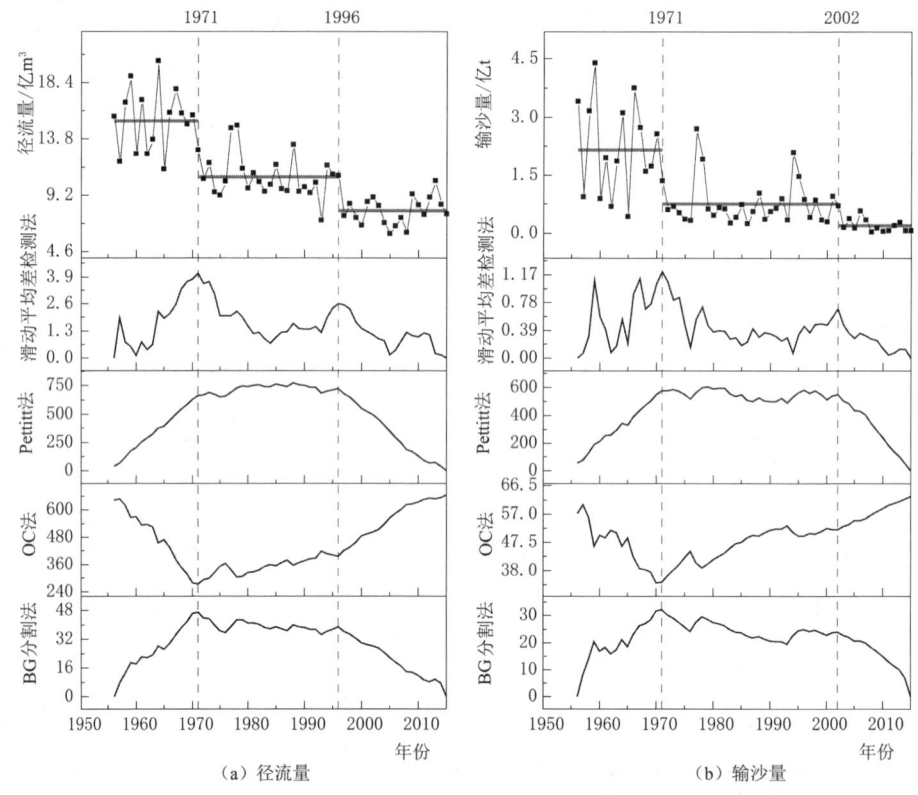

图 2.35　无定河流域 1956—2015 年径流量及年输沙量序列突变检测结果

况见表 2.13。年径流量序列三个阶段分别为：1956—1971 年，平均年径流量为 15.3 亿 m³；1972—1996 年，平均年径流量为 10.7 亿 m³，较上一时期减少了 4.6 亿 m³，减小幅度为 30.0%；1997—2015 年，平均年径流量为 7.92 亿 m³，较上一时期减少了 2.78 亿 m³，减小幅度为 25.8%。

年输沙量变化过程同样可划分为三个阶段，分别为：1956—1971 年，平均年输沙量为 2.153 亿 t；1972—2002 年，平均年输沙量为 0.752 亿 t，较前一阶段减少 1.401 亿 t，减小幅度为 65.1%；2003—2015 年，平均年输沙量为 0.182 亿 t，较前一阶段减少 0.57 亿 t，减小幅度为 75.9%。

表 2.13　无定河流域 1956—2015 年径流量及年输沙量序列突变点前后统计值

变化阶段	平均年径流量/亿 m³	变化幅度/%	变化阶段	平均年输沙量/亿 t	变化幅度/%
1956—1971 年	15.3	—	1956—1971 年	2.153	—
1972—1996 年	10.7	−30.0	1972—2002 年	0.752	−65.1
1997—2015 年	7.92	−25.8	2003—2015 年	0.182	−75.9

对比无定河流域年径流量和年输沙量的突变检测结果可以发现，年径流量及年输沙量均在1971年发生了第一次突变，在这一突变点上二者变化同步；年径流量第二次突变发生在1996年，而年输沙量第二次突变则发生在2002年，突变均在2000年前后，但突变时间相差8年，输沙量的变化滞后于径流量。

2.4.2 汾河流域

汾河流域1950—2015年径流量和年输沙量序列突变检测结果见表2.14。由表2.14可以看出，各方法对年径流量和年输沙量序列的检测结果大致一致。

表2.14　　汾河流域1950—2015年径流量和年输沙量序列突变检测结果

检测对象	突变点	突变强度	突 变 年 份			
			滑动平均差检测法	Pettitt法	OC法	BG分割法
年径流量	突变点1	10.1	1971	1971[1]	1971[1]	1971[1]
	突变点2	3.14	1996	1996[2]	1988[2]	1996[2]
年输沙量	突变点1	0.354	1959	1959[2]	1959[2]	1959[2]
	突变点2	0.267	1971	1979[2]	1971[2]	1971[1]
	突变点3	0.076	1996	1996[2]	1996[2]	1996[2]

注　上标1、2表示各突变点被检测出的顺序。

对于年径流量序列，各方法均检测出序列存在两个突变点，除OC法检验出的第2个突变点与其他方法不同外，其余方法检测结果均一致，采用与前几个流域相同的判断方法，计算两个突变年份前后序列均值差，最终判定第二个突变点为1996年。汾河流域年径流量存在两个突变点，分别为1971年和1996年。从突变强度上看，1971年径流量突变强度较大，1996年相对较小。

分析年输沙量突变检验结果，各方法均检测出序列存在三个突变点，除Pettitt法检测出的第2个突变点与其他方法不同外，其余方法检测结果一致。经过计算可以判断出汾河流域年输沙量序列的第2个突变点为1971年。因此，汾河流域年输沙量序列存在三个突变点，分别为1959年、1971年和1996年，其中1959年输沙量突变强度最大，1971年次之，1996年最小。Pettitt法、OC法和BG分割法均最先检验出第2个突变点，而并非序列中突变强度最大的突变点，又一次证明了这几种方法的弊端和不确定性。画出汾河流域水文序列和各突变检测方法统计量计算值曲线，如图2.36所示。

由图可以看出，汾河流域年径流量和年输沙量均值分别存在2次和3次明显的跃变。分别计算各时期年径流量和年输沙量的平均值特征，见表2.15。由表可知，汾河流域年径流量变化的三个时期分别为：1950—1971年，平均年径流量为17.4亿 m^3；1972—1996年，平均年径流量为7.36亿 m^3，较前一时期减少

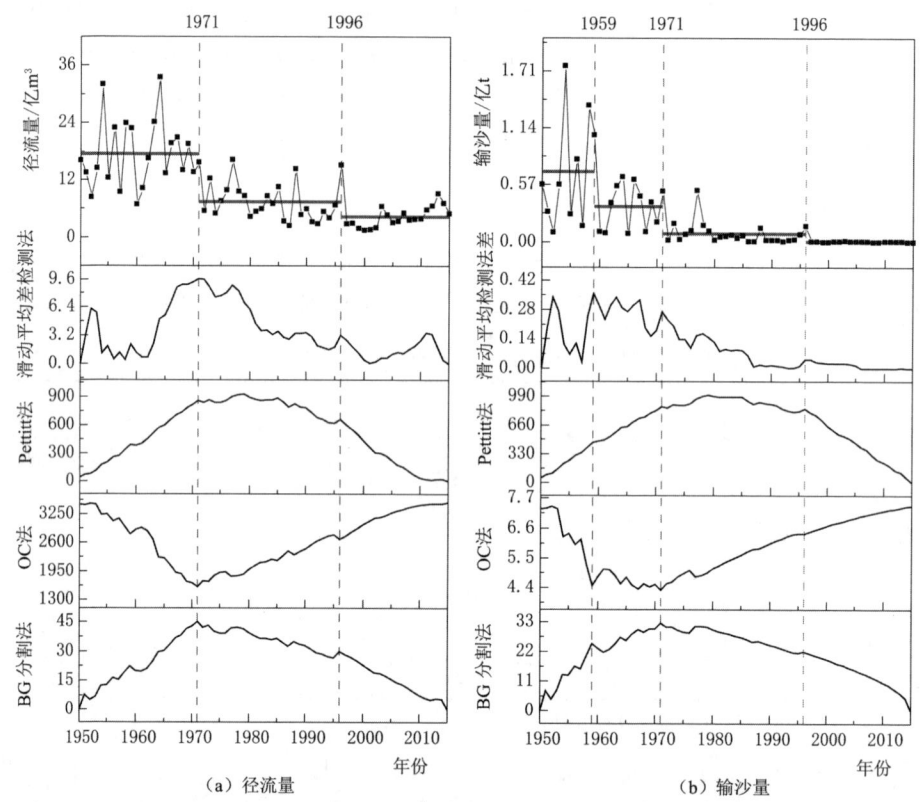

图 2.36　汾河流域 1950—2015 年径流量变化突变检测结果

10.0 亿 m^3，减小幅度为 58%；1997—2015 年，平均年径流量为 4.22 亿 m^3，较前一时期减少 3.14 亿 m^3，减小幅度为 43%。而汾河流域年输沙量的变化则是分为四个阶段，分别为：1950—1959 年，平均年输沙量为 0.700 亿 t；1960—1971 年，平均年输沙量为 0.346 亿 t，较前一阶段减少 0.354 亿 t，减小幅度为 51%；1972—1996 年，平均年输沙量为 0.079 亿 t，较前一阶段减少 0.267 亿 t，减小幅度为 77%；1997—2015 年，平均年输沙量为 0.003 亿 t，较前一阶段减少 0.07 亿 t，减小幅度高达 97%，表明 1997 年之后，汾河流域输沙量急剧减小。

表 2.15　汾河流域 1950—2015 年径流量及年输沙量序列突变点前后统计值

变化阶段	平均年径流量/亿 m^3	变化幅度/%	变化阶段	平均年输沙量/亿 t	变化幅度/%
1950—1971 年	17.4	—	1950—1959 年	0.700	—
1972—1996 年	7.36	−58	1960—1971 年	0.346	−51
1997—2015 年	4.22	−43	1972—1996 年	0.079	−77
			1997—2015 年	0.003	−97

对比汾河流域水沙突变检测结果，可以看出，年径流量及年输沙量同时在1971年和1996年发生了均值突变，说明二者在变化较为同步，而年输沙量早在1959年时已出现过一次突变（1959年），而相应的年径流量并未出现明显的突变变化，说明该次突变是受径流量变化以外的其他因素影响造成的。

2.4.3 北洛河流域

由对北洛河流域年径流量的趋势分析结果可知，北洛河年径流量没有显著的变化趋势。对序列进行突变检验，也并未发现存在突变点。北洛河流域1950—2015年输沙量序列突变检验结果见表2.16。

表2.16　　　　北洛河流域1950—2015年输沙量序列突变检测结果

检测对象	突变点	突变强度	突 变 年 份			
			滑动平均差检测法	Pettitt法	OC法	BG分割法
年输沙量	突变点1	0.167	1971	—	1971^2	1977^2
	突变点2	0.384	1979	1979^2	—	
	突变点3	0.398	1987	1987^3	1987^3	1987^3
	突变点4	0.699	2002	2002^1	2002^1	2002^1

注　上标1、2表示各突变点被检测出的顺序。

由表2.16可以看出，对北洛河年输沙量的检测结果，各方法存在较大差异，滑动平均差检测法检测出序列中存在4个突变点，分别为1971年、1979年、1987年和2002年，对应的突变强度分别为0.167、0.384、0.398和0.699。Pettitt法、OC法和BG分割法均检测出不同的三个突变点，且所检测出的突变点都包括在滑动平均差检测法检测的四个突变点中。对这几个突变年份前后年输沙量均值进行计算，最终可判断出，北洛河流域年输沙量序列存在突变强度不同的4个突变点，分别为1971年、1979年、1987年和2002年，其中2002年输沙量突变强度最大，1979年和1987年次之，1971年突变强度最小。Pettitt法检测出突变强度最大的三个点，OC法和BG分割法检测出突变强度最大的两个点，而对于突变强度最弱的点1971年，Pettitt法和BG分割法均没有检测出。在该案例中也体现出OC法、Pettitt法和BG分割法的不确定性，同时体现出滑动平均差检测法的高度优越性和稳定性。

根据突变检测结果，北洛河流域年输沙量变化过程分为五个阶段，各阶段输沙量平均值及变化情况见表2.17。第一阶段为1950—1971年，平均年输沙量为0.950亿t；第二阶段为1972—1979年，平均年输沙量为0.783亿t，较上一时期减少0.167亿t，减小幅度为17.6%；第三阶段为1980—1987年，平均年输沙量为 0.399 亿 t，较第二阶段减少 0.384 亿 t，减小幅度为 49.1%；第四阶段为 1988—2002 年，平均年输沙量为 0.797 亿 t，较第三阶段增加 0.398 亿 t，增大幅度 99.7%；第五阶段为 2003—2015 年，平均年输沙量为 0.098 亿 t，较前一阶段减少 0.699 亿 t，减小幅度为 87.7%。

表 2.17 北洛河流域 1950—2015 年输沙量序列突变点前后统计值

变化阶段	平均年输沙量/亿 t	变化变幅/%	变化阶段	平均年输沙量/亿 t	变化变幅/%
1950—1971 年	0.950	—	1988—2002 年	0.797	99.7
1972—1979 年	0.783	−17.6	2003—2015 年	0.098	−87.7
1980—1987 年	0.399	−49.1			

对比北洛河流域水沙突变检测结果可以看出，在年径流量没有发生显著变化的情况下，年输沙量共发生了五次突变，表明北洛河流域水沙变化非常不同步，说明流域内人类活动的影响非常大。

2.4.4 渭河流域

渭河流域 1950—2015 年径流量和年输沙量序列突变检测结果见表 2.18。

表 2.18 渭河流域 1950—2015 年径流量和年输沙量序列突变检测结果

检测对象	突变点	突变强度	突变年份			
			滑动平均差检测法	Pettitt 法	OC 法	BG 分割法
年径流量	突变点 1	23.9	1968	1968[2]	1968[2]	1968[2]
	突变点 2	31.6	1990	1990[1]	1990[1]	1990[1]
	突变点 3	17.5	2002	2002[2]	2002[2]	2002[2]
年输沙量	突变点 1	1.39	1970	1970[2]	1970[2]	1978[2]
	突变点 2	1.84	1996	1996[1]	1996[1]	1996[1]

注 上标 1、2 表示各突变点被检测出的顺序。

各方法均检测出年径流量序列中存在三个突变点，分别为 1968 年、1990 年和 2002 年，其中 1990 年突变强度最大，1968 年次之，2002 年突变强度最小。Pettitt 法、OC 法和 BG 分割法检验出的第 1 个突变点为 1990 年，即为序列中突变强度最大的突变点。各方法在渭河流域年径流量突变点的检测中，表现均比较好。

在对年输沙量序列进行突变检验时，除 BG 分割法检验出的第 1 个突变点与其他方法不同外，其余方法检测结果均相同，经计算，第 1 个突变点为 1970 年。因此，综合各方法的检测结果可知，渭河流域年输沙量序列存在两个突变点，分别为 1970 年和 1996 年，且其中 1996 年突变强度较大。Pettitt 法、OC 法和

BG分割法最先检测出的突变点也是1996年。

画出渭河流域水文序列和各突变检测方法统计量计算值曲线，如图2.37所示。

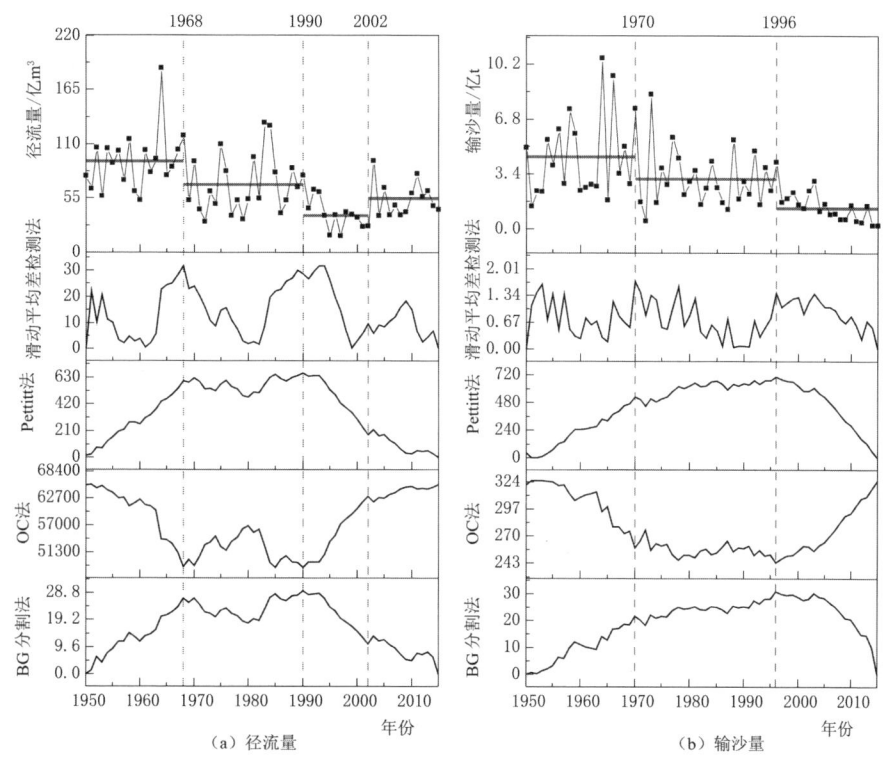

图2.37 渭河流域1950—2015年径流量及年输沙量序列突变检验结果

由图可以看出，渭河流域年径流量和年输沙量均值分别存在着3次和2次明显的跃变。分别计算各时期年径流量和年输沙量的平均值特征，见表2.19。1950—1968年，平均年径流量为92.8亿m^3；1969—1990年，平均年径流量为68.9亿m^3，较前一阶段减少23.9亿m^3，减小幅度为25.7%；1991—2002年，平均年径流量为37.3亿m^3，较前一阶段减少31.6亿m^3，减小幅度为45.9%；2003—2015年，平均年径流量为54.8亿m^3，较前一阶段增加17.5亿m^3，增大幅度为46.8%。而年输沙量变化过程分为三个阶段，分别为：1950—1970年，平均年输沙量为4.47亿t；1971—1996年，平均年输沙量为3.09亿t，较前一阶段减少1.38亿t，减小幅度为31.0%；1997—2015年，平均年输沙量为1.25亿t，较前一阶段减少1.84亿t，减小幅度为59.4%。

对比渭河流域水沙突变检测结果可以发现，年径流量及年输沙量序列的突变点数量、突变时间和突变情况均不同，如年径流量2002年后均值突然增大，而年输沙量2002年以后持续显著减少，说明渭河流域水沙变化并不同步。

表 2.19　渭河流域 1950—2015 年径流量及年输沙量突变点前后统计值

变化阶段	平均年径流量/亿 m³	变化幅度/%	变化阶段	平均年输沙量/亿 t	变化幅度/%
1950—1968 年	92.8		1950—1970 年	4.47	
1969—1990 年	68.9	−25.7	1971—1996 年	3.09	−31.0
1991—2002 年	37.3	−45.9	1997—2015 年	1.25	−59.4
2003—2015 年	54.8	46.8			

2.5　水沙变化影响因素分析

流域水沙受多方因素共同影响，变化机理十分复杂。通常在研究时，将影响因素分为两大类，即降水变化和人类活动。降水是产流产沙的动力条件，降水的多少直接决定着径流的丰枯，而径流又是泥沙输移的水力条件，因此，降水、径流和泥沙三者互相影响，紧密相关[183]。人类活动通过流域内水资源的调度和配置、水库等水利工程的蓄水拦沙，或者通过改变植被等下垫面条件防沙固沙等手段，影响流域内径流和输沙。

本书主要从降水变化和人类活动两方面，分析黄土高原地区水沙突变的主要驱动因素，为模型改进提供理论基础和切入点。

2.5.1　降水变化影响因素分析

本书整理了黄土高原区 201 个雨量站 1954—2015 年逐年降水量资料，这 201 个雨量站的空间分布如图 2.38 所示。

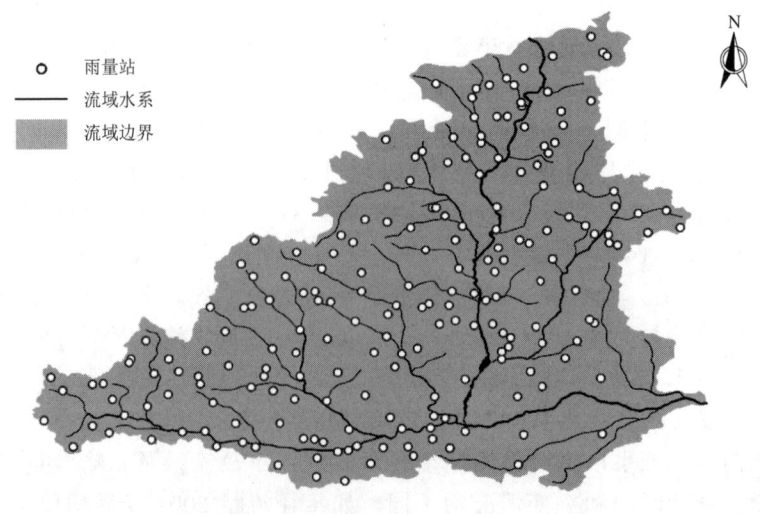

图 2.38　黄土高原区雨量站点分布图

从图 2.38 可以看出，本书收集到的雨量站空间分布较为均匀，因此，可采用算数平均法计算黄土高原整体及区域内各待研究子流域逐年面平均降水量，并对其进行变化特征分析。

2.5.1.1 降水变化趋势分析

1954—2015 年河龙区间、汾河流域、北洛河流域、渭河流域多年平均年降水量分别为 450mm、505mm、531mm 和 540mm。渭河流域最多、河龙区间最少，降水变化幅度较小。各流域年降水量线性倾向估计法和滑动平均法的趋势分析结果如图 2.39 所示。由图 2.39 可以看出，各流域降水量均呈现出轻微的下降趋势，其中，渭河流域较其他三个流域下降趋势明显，以 0.9mm/a 的速度减少，河龙区间降水量的线性趋势线斜率最小，降水量下降速度最慢，以 0.264mm/a 减少，但四个流域年降水量的下降趋势均未达到显著性水平。各流域降水量总体上随时间围绕多年平均值上下波动。

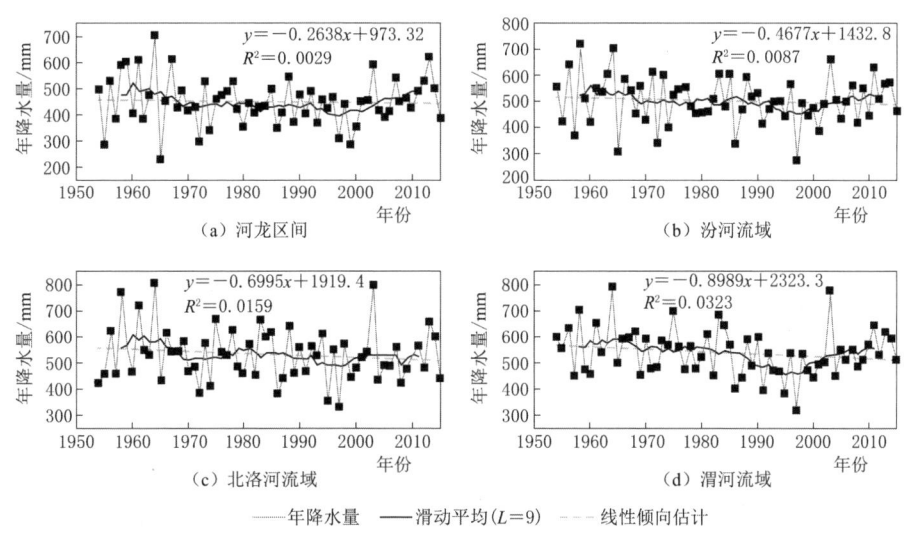

图 2.39 黄土高原子流域年降水量滑动平均和线性倾向估计分析结果

2.5.1.2 降水变化与水沙变化过程对比

将河龙区间、汾河流域、洛河流域和渭河流域的年降水量与年径流量和年输沙量变化过程进行对比，如图 2.40 所示。从各流域年降水量和年径流量的变化过程对比可以看出，除北洛河流域年降水量和年径流量随时间变化较为一致外，其余三个流域年径流量和年降水量的变化过程均存在差异。而从各流域年降水量和年输沙量的变化过程的来看，二者变化过程更是存在着显著的不同，尤其是 2000 年以后，各流域年降水量呈略微上升趋势，而同时期的年输沙量呈现急剧下降趋势。

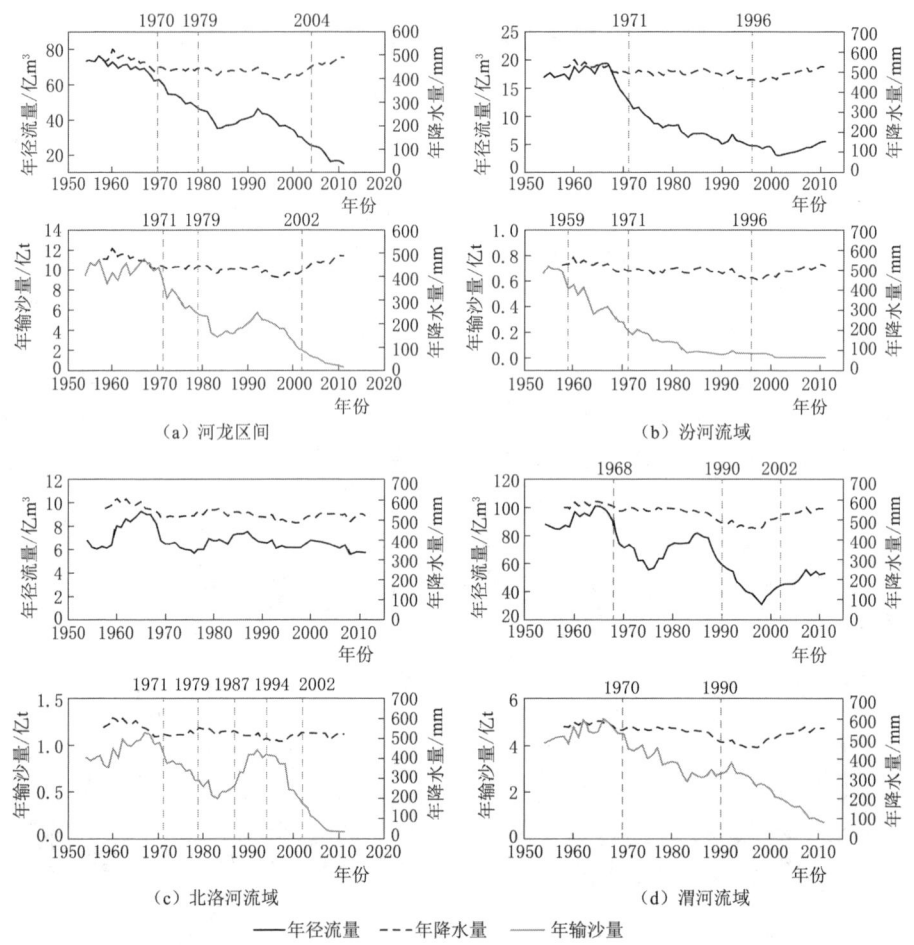

图 2.40 黄土高原子流域年降水量与年径流量、年输沙量变化趋势对比

2.5.1.3 降水变化影响贡献率分析

采用双累积曲线法进一步分析河龙区间、汾河流域、北洛河流域和渭河流域降水量与水沙变化之间的关系，四个流域累积年降水量与累积年径流量和累积年输沙量的双累积曲线如图 2.41 所示。

由双累积曲线法分析结果可知，河龙区间年降水量和年径流量关系在 1979 年和 2004 年发生突变，年降水量和年输沙量关系在 1979 年和 2002 年发生突变，正好对应着上一小节中分析的河龙区间年径流量和年输沙量序列的两个突变点；汾河流域年降水量和年径流量、年输沙量关系突变点均发生在 1971 年，且年输沙量的突变强度明显大于年径流量；北洛河流域年降水量和年径流量关系无明显突变，这一结论与上一节中北洛河流域年径流量序列突变点检测结论一致，

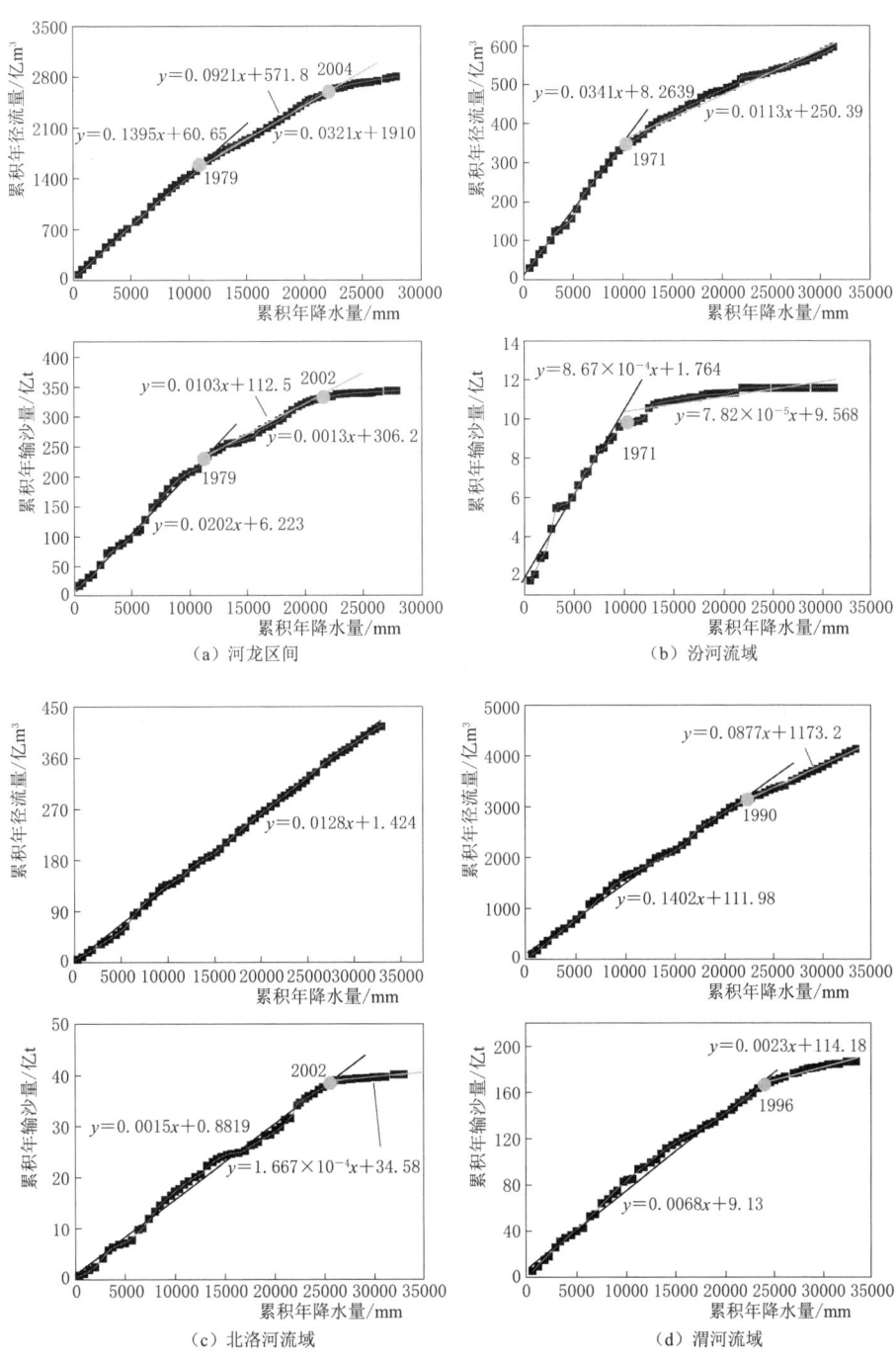

图 2.41 黄土高原子流域年降水量与年径流量、年输沙量双累积曲线图

年降水量与年输沙量关系在2002年有一次明显突变,对应着北洛河流域年输沙量序列突变强度最大的那个突变点;渭河流域年降水量和年径流量、年输沙量关系的变化程度相较其他三个流域要小,其年降水量与年径流量关系在1990年发生突变,年降水量与年输沙量关系突变时间滞后于年径流量,在1996年发生突变,同样也分别对应着渭河流域年径流量和年输沙量序列突变强度最大的突变年份。

根据各个流域的双累积曲线图,可划分出各个流域水沙的基准期和变化期,从而计算出变化期降水因子和人类活动因子的贡献率,见表2.20。分析表2.20可知,由于各个流域人类活动的程度不同,降水因子和人类活动对水沙变化影响的贡献率也有所差异。人类活动对河龙区间径流量变化的影响大于对该流域泥沙变化的影响,1980—2004年河龙区间人类活动对流域减水减沙的贡献率分别为63.7%和54.7%,到2004年之后,人类活动对水沙的影响进一步加大,对水沙减少的贡献率分别增大到86.4%和69.3%;汾河流域变化期(1972—2015年)人类活动对流域泥沙变化的影响大于对水流的影响,人类活动对流域减水减沙的贡献率分别为64.5%和89.6%;北洛河流域2002年之后,人类活动与流域输沙减小作用显著,人类活动对流域年输沙量减小的贡献率达89.6%;渭河流域变化期人类活动因素对该流域减水减沙的贡献率分别为57.7%和67.4%,相比较前三个流域而言,人类活动对渭河流域水沙变化的影响相对小一些。

表2.20　　　　　　　　黄土高原子流域水沙变化影响因子贡献率

流域	年径流量			年输沙量		
	时期	降水/%	人类活动/%	时期	降水/%	人类活动/%
河龙区间	1954—1979年(基准期)	/	/	1954—1979年(基准期)	/	/
	1980—2004年	36.3	63.7	1980—2002年	45.3	54.7
	2005—2015年	13.6	86.4	2003—2015年	30.7	69.3
汾河流域	1954—1971年(基准期)	/	/	1954—1971年(基准期)	/	/
	1972—2015年	35.5	64.5	1972—2015年	10.4	89.6
北洛河流域	/	/	/	1954—2002年(基准期)	/	/
	/	/	/	2002—2015年	14.2	85.8
渭河流域	1954—1990年(基准期)	/	/	1954—1996年(基准期)	/	/
	1991—2015年	42.3	57.7	1996—2015年	32.6	67.4

2.5.2 人类活动影响因素分析

2.5.2.1 水土保持措施

黄土高原流域20世纪50年代至20世纪末的土地利用类型变化如图2.42所示。从图中可以看出，20世纪60年代以前，黄河流域林草植被的面积还很少。黄河中游在20世纪50年代开始逐步在一些典型小流域实施水土保持措施，由于一开始只是在一些典型小流域进行试验治理，尚未进行大范围推广，因此这一时期下垫面变化较慢。从1970年开始，随着北方地区农业工作会议和黄河中游水土保持工作会议的召开以及"农业学大寨"运动的推进，黄河中游水土保持工作得到迅速推广和展开，从图中可以看出，1969—1979年各流域各项水保措施尤其是造林和梯田的面积相比1969年以前出现了大幅度的增加。1980年，水利部发布了《小流域治理办法》，开始对黄河中游水土流失较为严重的38条小流域进行综合治理，随后又在不同水土流失类型区对164条小流域进行了综合治理，极大促进了水土保持工作的开展，因此，从80年代开始，各流域林草植被的面积显著提高。到1996年为止，各流域水土保持措施治理程度平均达到20%以上，见表2.21。从表中可以看出，无定河流域水土保持治理程度最高，北洛河流域水土保持治理程度相对较低。

表2.21 截至1996年黄土高原水土保持措施治理程度

流域	治理面积/万 km^2	治理程度/%	流域	治理面积/万 km^2	治理程度/%
河龙区间	333	26	北洛河	27	10
窟野河	17	20	渭河	225	17
无定河	123	41			

由此可见，黄河中游实施的长时期、大范围的水土保持措施，对流域水沙产生了显著的影响[100,184,186]。冉大川[185]计算出，1970—1996年河龙区间、北洛河流域、泾河流域和渭河流域内水土保持措施工程的开展，使得流域内年径流量平均减少5.46亿 m^3，年输沙量平均减少2.24亿t，表明退耕还林还草等水土保持措施对流域内减水减沙的作用非常显著。

2.5.2.2 植被覆盖度变化分析

植树造林一直是黄土高原地区水土保持措施最主要的手段（图2.42）。大规模的植树造林和退耕还林还草工程极大地提高了流域内的植被覆盖度，而NDVI可以准确反映地表植被覆盖状况。自1981年以来黄土高原区每隔五年的NDVI时空变化情况如图2.43所示，从该图可以看出，从空间上看，黄土高原地区植被覆盖度大致由西北向东南递增，作为黄土高原的主要产沙区，河龙区间、北洛河流域上游和渭河流域的西北部是植被覆盖度最低的区域，这也是这些区域

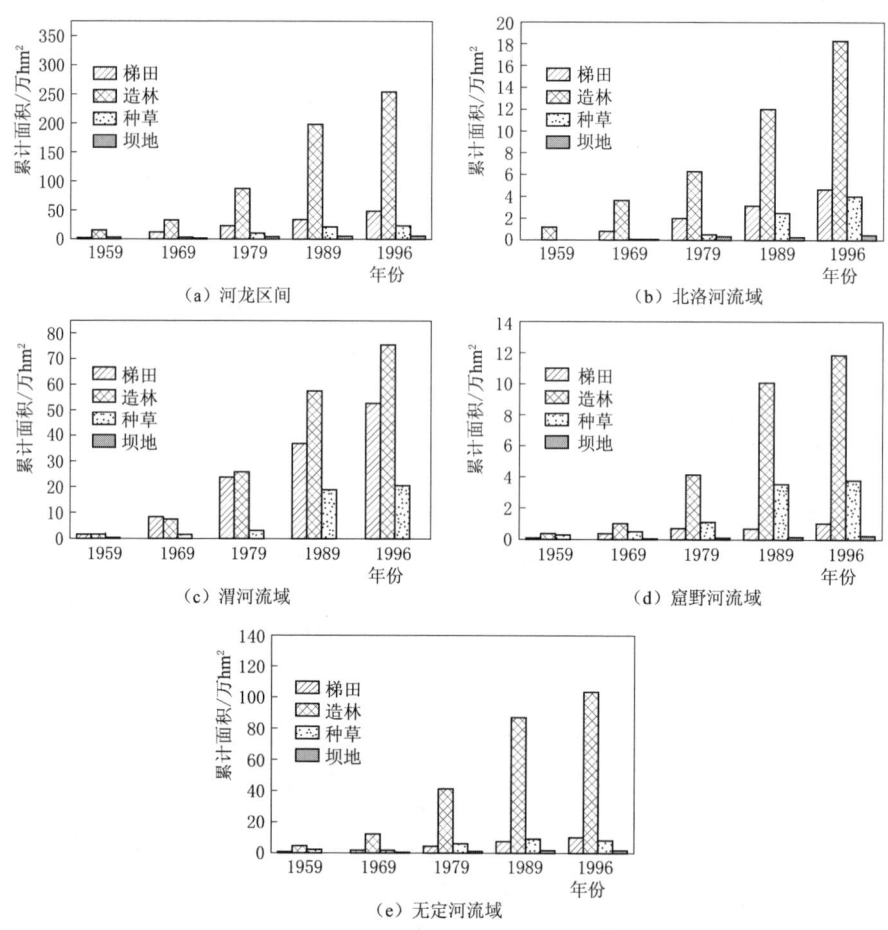

图 2.42 黄土高原子流域土地利用类型变化情况

长期以来水土流失非常严重的主要原因。但从图 2.43 可以看出，1981 年以来，黄土高原 NDVI 逐渐增加，尤其是 1995 年以后，黄土高原 NDVI 提高十分明显，说明地表植被覆盖情况有明显改善。

进一步分析黄土高原各子流域 NDVI 的变化情况，如图 2.44 所示。从图中可以看出，1981—2015 年，河龙区间植被覆盖度一直远低于汾河流域、北洛河流域和渭河流域，北洛河流域、汾河流域和渭河流域三者植被覆盖度则较为接近，其中汾河流域和北洛河流域略高于渭河流域，在 1997 年之前，北洛河流域植被覆盖度略低于汾河流域，到 1997 年之后则反超。而在河龙区间中的两个典型流域窟野河和无定河流域 NDVI 最低，远低于河龙区间平均植被覆盖度。

从各流域 NDVI 变化趋势上看，研究流域 NDVI 均在 20 世纪 90 年代末之前呈缓慢上升，90 年代末之后则开始呈明显上升趋势。采用滑动平均差检测法

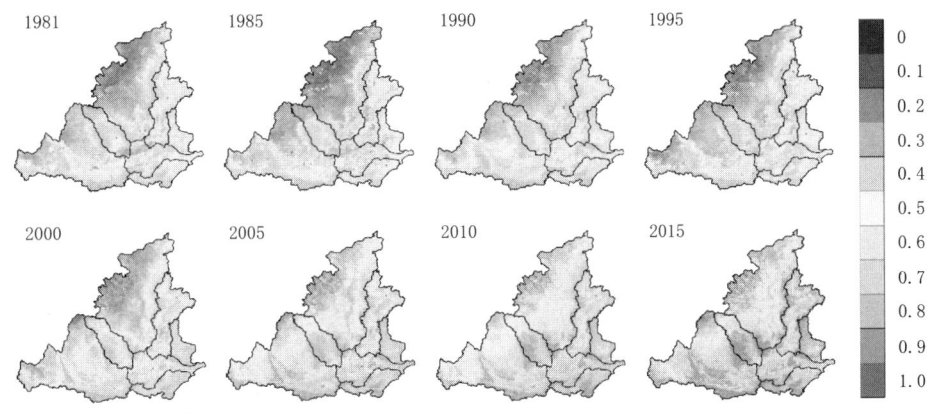

图 2.43 黄土高原区 NDVI 时空变化情况

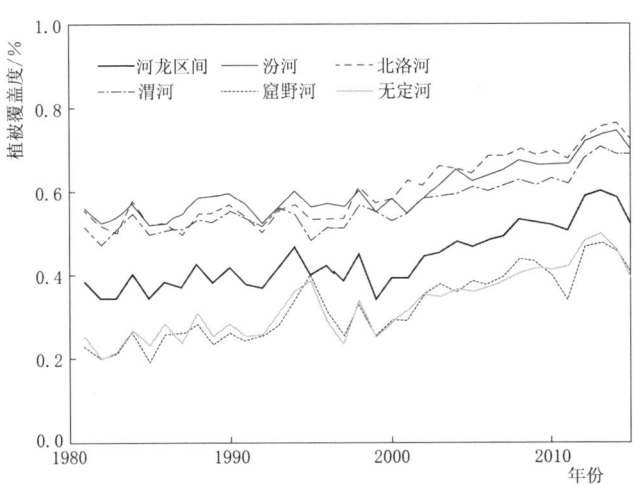

图 2.44 黄土高原各子流域 NDVI 变化情况

对黄土高原各子流域 NDVI 序列进行突变分析,结果见表 2.22。

表 2.22 黄土高原各子流域 NDVI 突变检验结果

流域	河龙区间	北洛河	渭河	汾河	窟野河	无定河
突变年份	2004	2002	2001	2003	2002	2002

结果表明,黄土高原各流域 NDVI 序列突变年份均发生在 21 世纪初期。2000 年后,黄土高原植被覆盖度开始急剧上升的主要原因是 20 世纪 90 年代末开始在黄土高原区大规模推行的退耕还林还草工程和第二期水土保持工程。1999 年,国家首先在陕西和甘肃等地采取"退耕还林(草)、封山绿化"的措施,并在随后的 10 年里快速地大范围地推广开来。将黄土高原 2015 年的 NDVI

数据同1999年的NDVI数据进行对比分析，分析1999—2015年黄土高原植被覆盖度的空间变化情况，结果如图2.45所示。从图中可以看出，退耕还林还草工程实施以来，河龙区间、北洛河流域上游和渭河流域西北部的植被覆盖度均出现了大幅度的提高，尤其是作为黄土高原主要产沙区的河龙区间，植被覆盖度的提高幅度最大。

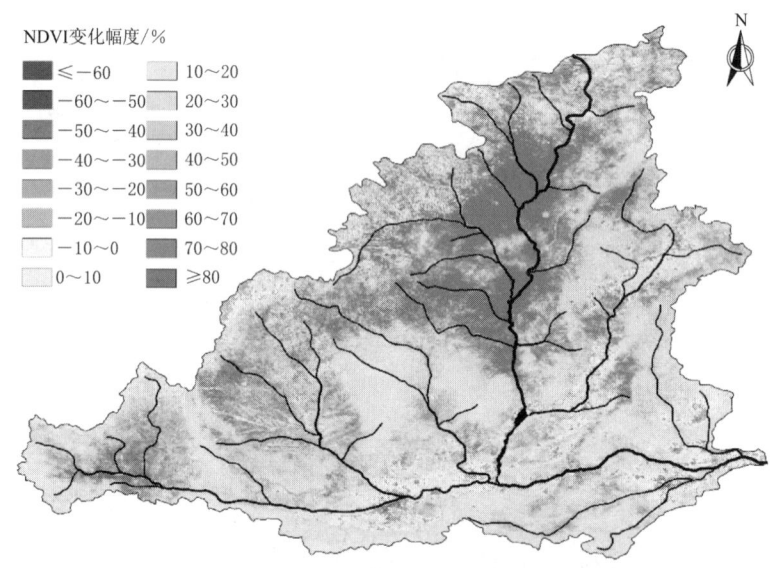

图2.45　黄土高原1999—2015年NDVI变化幅度分布图

从2.4节的分析可知，黄土高原各子流域输沙量几乎都是在20世纪90年代末到21世纪初期发生了突变，这与90年代末国家开始在黄河中游大范围开展二期水土保持工程措施，大力实施退耕还林还草措施，从而导致流域植被覆盖度急剧增加的时间一致，因此，流域植被覆盖度的增加是各流域径流量和输沙量突然锐减的主要原因之一。

2.5.2.3　水利工程建设

除了梯田、植树造林、种草等水土保持措施外，水库、淤地坝等水利工程的修建对黄河流域水沙变化也产生了很大的影响。本书收集整理了黄土高原流域71座大中型水库的资料，水库的位置分布如图2.46所示。将此71座水库建设历程（即水库建设起止时间）与黄土高原水沙年际变化过程进行对比，如图2.47所示。

图2.47中，第一张图的每条横线表示每个水库的建设情况，横线的起止年份代表水库的开始建设时间和建成时间。从图2.46可以看出，黄土高原这71座大中型水库主要分布在渭河流域和汾河流域，其次是河龙区间内的无定河流域。

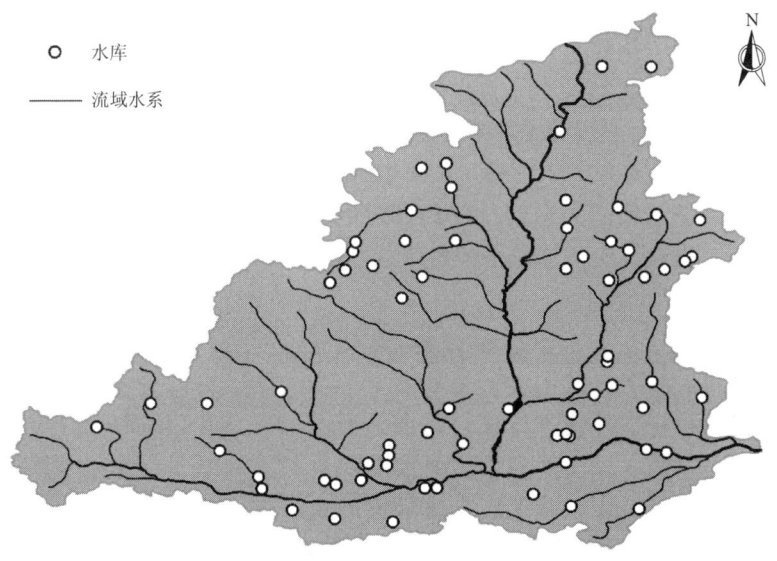

图 2.46　黄土高原大中型水库分布图

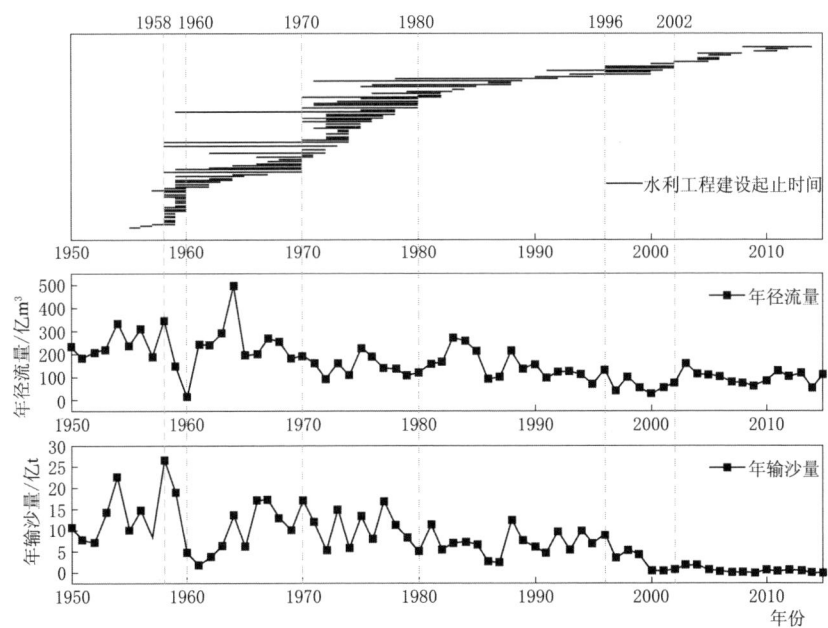

图 2.47　水利工程建设情况与黄土高原水沙变化过程对比图

从图 2.47 可以看出，大部分水库建设于 20 世纪 60—80 年代，由 2.4 节黄土高原水沙突变点分析结果可知，这一时期黄土高原各流域的径流和泥沙也几乎都发生了一次突变。张胜利等[187] 计算了 1971—1983 年黄河中游大中型水库的拦沙量，其中河龙区间的水库年均拦沙量为 1.693 亿 t，汾河流域水库年均拦沙量为 0.106 亿 t，北洛河流域水库年均拦沙量为 0.254 亿 t，渭河流域水库年均拦沙量为 0.677 亿 t。2002 年以后，黄河中游还建设了大量淤地坝，尤其是大量的骨干淤地坝，淤地坝的大量建设使得黄河中游拦水拦沙的效益大大增强。由此可见，水利工程建设也是造成水沙锐减的一大主要因素。

2.6 本章小结

本章运用多种数理统计方法，综合分析了 1956 年以来黄土高原流域降水、径流、泥沙、植被以及土地利用等要素的变化趋势和特征，确定了黄土高原区水沙变化的主要影响因素，揭示变化环境下黄土高原流域产流产沙的变化机理和响应规律，为水沙模型结构改进提供理论基础和切入点。

本章提出了一种新的检测序列均值突变的方法——滑动平均差检测法。通过构造理想时间序列，对该方法进行检验，并与目前广泛使用的 MK 突变检验法、Pettitt 法、OC 法和 BG 分割法四种突变点检测方法进行比较分析，发现滑动平均差检测法与常用的四种检测方法相比具有四个明显的优势：①结构简单、直观易理解；②检测突变点更精确；③能同时检测突变位置和其突变强度；④能一次检测出所有突变点。这为流域水沙突变点检测提供了较为科学、准确的方法，值得推广使用。

第3章 水沙耦合物理概念模型研究

目前的水沙物理概念模拟模型大多是基于气候和下垫面条件长期平稳的假设构建的，然而，当研究流域的下垫面发生较大的变化时，依据历史资料率定的模型参数不再适用，使得模型模拟的不确定性增加，模型模拟精度大大降低。由第2章的分析可知，水土保持、水利工程修建等人类活动引起的黄土高原下垫面的变化，尤其是植被覆盖度的变化是导致黄土高原减水减沙的主要原因，也是引起黄土高原地区产水产沙机理改变的主要因素。从理论上讲，植被的增加使得土壤的下渗大大增加，引起了流域产流机制的变化，导致地面产流大幅度减少，土壤含水量、壤中流和地下径流增加，进而使得流域产水产沙减少。因此，本书从水沙变化主要影响因素着眼，结合影响因素与水沙物理模型参数和结构之间的关系，对河海大学包为民教授在20世纪90年代初提出的水沙物理概念模型进行改进研究，以提高该水沙物理概念模型在变化环境下的适用性和稳定性。

3.1 试验流域选取

为更好地研究现有水沙物理模型结构存在的问题，分析模型改进的效果，提高模型的适用性，本章选取位于黄土高原丘陵沟壑区第一副区的"7·26"特大暴雨洪灾区——陕西省子洲县岔巴沟流域，以及岔巴沟流域内两个试验场流域——王茂沟流域和韭园沟流域为模型改进试验流域。选取这三个流域为模型改进研究的研究区的主要依据为：①三个流域位于黄土高原的多沙粗沙区，具有典型的黄土丘陵沟壑区的土壤侵蚀地貌特征，流域内沟谷、河流发育完整，各种侵蚀在流域内均有较全面的反映；②近50年来岔巴沟流域下垫面受人类活动影响较大，20世纪70年代后淤地坝等水利工程建设较多，20世纪90年代以来开展的水土保持工作也大有成效，导致流域内植被变化较大，是典型的人类活动影响下的变化流域；③流域的雨量站密度较大，水文气象观测资料较好，因此具有较强的典型性和代表性。

3.1.1 王茂沟流域

王茂沟小流域早在1953年就被列为水土保持试验、示范流域，1983年又被列为国家重点流域，进一步开展治理，是黄河水利委员会绥德水保站试验性治理小流域之一，也是我国最早的治理试验小流域之一。王茂沟是无定河中游左岸的支沟韭园沟的一条二级支沟，海拔在 940～1200m 之间，流域面积 5.97km^2，主干道长度 3.75km，流域平均宽度 1.46km，河道平均比降 2.7%。

王茂沟流域属于温带半干旱大陆季风气候，四季分明，温差较大，日照充足；多年平均气温 8℃，最低气温－27℃，最高气温 39℃，日温差 29℃左右；流域多年平均降水量 475.1mm，降水量年际变化较大，降水最大发生在 1964 年，多达 735.3mm，最小发生在 1956 年，仅 232mm。且年内分配不均，主要集中在 7—9 月，汛期降水量占年降水量的 70%以上，多为暴雨，历时短，强度大，造成的水土流失严重，泥沙流失量的 95%集中在汛期；多年平均水面蒸发量 1519mm；多年平均径流量 275 万 m^3，平均年径流深 39.2mm。7—9 月三个月的径流总量占全年径流总量的 60%以上，多年平均流量 0.02～0.06m^3/s。

流域内地表破碎，地貌复杂，以梁峁为主，沟壑纵横，属于典型的黄土丘梁沟壑地貌。主要土质为黄土，土壤侵蚀方式以水力侵蚀和重力侵蚀为主，在未实施各项水保措施前流域年平均侵蚀模数为 18000t/(km^2·a)。

流域内设有王茂庄、王茂沟沟口 2 个雨量站，和 1 个流量站王茂沟站。王茂沟流域水系和站点分布图如图 3.1 所示。

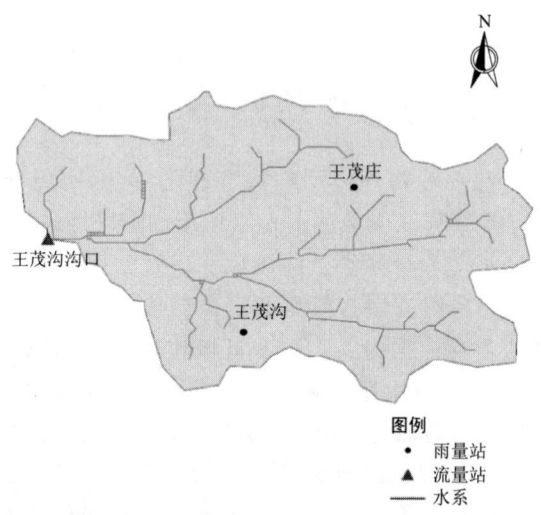

图 3.1 王茂沟流域水系及站点分布图

3.1.2 韭园沟流域

为探索黄土高原丘陵沟壑区第一副区水土流失综合治理模式，有效减少入黄泥沙，黄河水利委员会于 1953 年在绥德水土保持科学试验站建站时，除王茂沟流域外，还选择了韭园沟流域为试验示范小流域。韭园沟流域面积 70.7km²，主沟长 18km，沟道平均比降为 1.2‰，沟壑密度为 5.34km/km²，海拔高度在 820～1180m 之间。

韭园沟流域属于温带半干旱大陆季风气候，多年平均气温 8℃，日照时数为 2615h，无霜期 150～190d，气候干燥，多暴雨，据统计多年平均降水量 500mm 左右，降水量年际变化大，年内分配极不均，多集中在汛期的 6—9 月，且多以暴雨形式出现，汛期降水量占年总降水量 70% 以上，一次暴雨产沙量往往为年产沙量的 60% 以上。

流域内梁峁起伏，沟壑纵横，地形破碎。土壤类型主要为黄绵土，土壤质地疏松均匀，空隙较大。该区治理前多年平均侵蚀模数为 18000～19900t/(km²·a)。

流域内设有 11 个雨量站和 1 个水文控制站。韭园沟流域及站点分布如图 3.2 所示。本书中共收集到韭园沟流域 1954—1977 年 15 场次洪资料。

图 3.2　韭园沟流域水系及站点分布图

3.1.3　岔巴沟流域

岔巴沟流域地处陕西省榆林市子洲县，是黄土高原地区无定河水系的二级支流，属于黄土丘陵沟壑第一副区，流域总面积 205km²，其中曹坪水文控制站控制面积 187km²，本书主要研究曹坪控制站以上区域。流域内河道平均宽度 7.8km，沟道长 26.3km，曲折系数 1.13，平均沟道密度为 1.08km/km²，其中左岸沟道密度大于右岸，最大沟道密度为 1.22km/km²，最小沟道密度为 0.46km/km²。

流域内气候为干旱少雨的温带半干旱性气候，年平均气温8℃，年温差比较大，最高温度38℃，最低温度-27℃。霜冻期约为半年，风力最大在9级以上。多年平均降水量为480mm，多年平均蒸发量为1268mm。降水季节比较集中，降水年内分配极不均匀，6—9月降水量占全年降水量的80%以上，且多以暴雨形式出现，降水强度大、历时短，洪水含沙量高，年内径流量和含沙量变化十分明显。

岔巴沟流域自然植被覆盖较差，流域内地形破碎，坡度陡，形成的洪水陡涨陡落、历时短，且由于降水强度大，土质疏松，因此土壤侵蚀现象相当严重。岔巴沟流域水系及站点分布如图3.3所示。

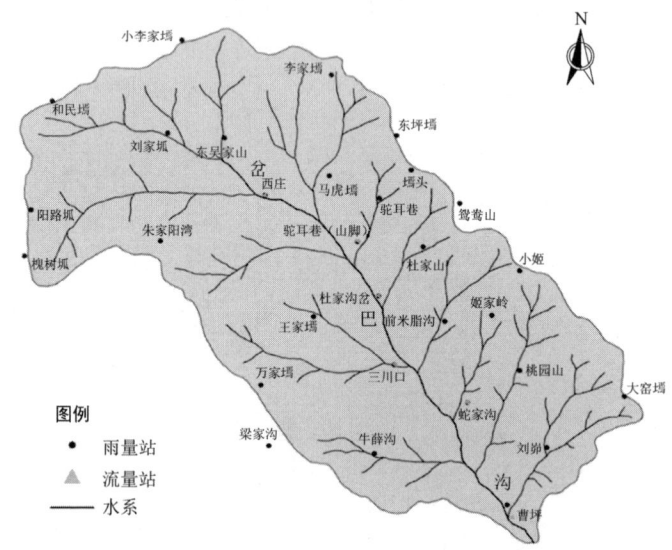

图3.3 岔巴沟流域水系及站点分布图

3.2 水沙耦合模型构建

3.2.1 水沙耦合模型介绍

3.2.1.1 模型基本结构

本书以河海大学包为民教授在20世纪90年代初提出的水沙物理概念模型为基础[150-152,188-190]，模型分为水流模拟和泥沙模拟，其中水流模拟由蒸散发模块、垂向混合产流模块、分水源模块、坡面汇流模块和河网汇流模块五部分组成，流域蒸散发计算采用三层蒸发模式，产流计算采用垂向混合产流计算模式，泥沙模块由坡面产沙、沟道产沙、坡面汇沙和沟道汇沙四部分组成。利用垂向混合产流计算得出的地面径流进行坡面产沙和沟道产沙的计算,将产汇流模型与产沙汇沙模型耦合,采用自由水箱结构划分法对垂向混合产流计算得到的多径流成分进行三水源划分,最后采用水文学中常用的线性水库和马斯京根法进行汇流和汇沙计算。水沙耦合模型结构图如图 3.4 所示。

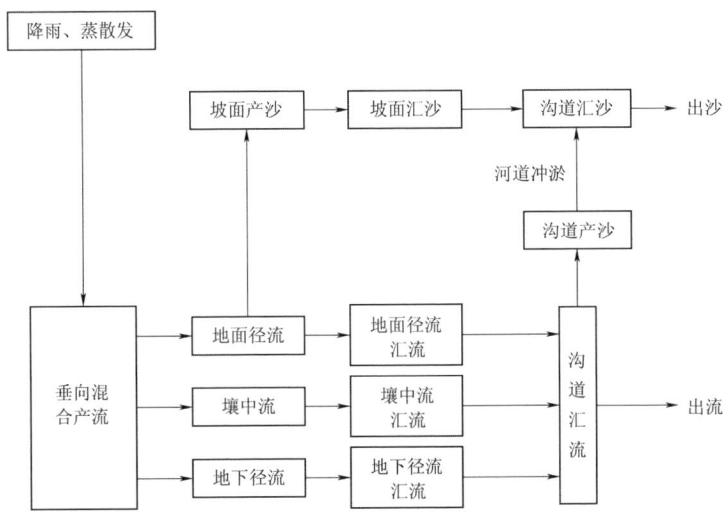

图 3.4 水沙耦合模型结构图

3.2.1.2 产流计算

垂向混合产流[191-192]是将蓄满产流和超渗产流两种产流模式在垂向上进行组合的一种混合产流计算方法,也就是把蓄满产流里的蓄水容量曲线和超渗产流里的下渗曲线进行垂向组合,如图 3.5 所示。

垂向混合产流的蒸散发计算采用三层蒸散发计算模式,按照土壤垂向分布不均匀性将土壤分为三层。参数有流域平均张力水容量 $WM(mm)$、上层张力水容量 $UM(mm)$、下层张力水容量 $LM(mm)$、深层张力水容量 $DM(mm)$,其中 $DM=WM-UM-LM$,蒸散发折算系数 KC 和深层蒸散发折算系数 C。输入为实测降水量 $P(mm)$ 和蒸发皿实测水面蒸发量 $EM(mm)$;输出是流域上层蒸发量 $EU(mm)$、下层蒸发量 EL (mm)、深层蒸发量 $ED(mm)$ 和总蒸发

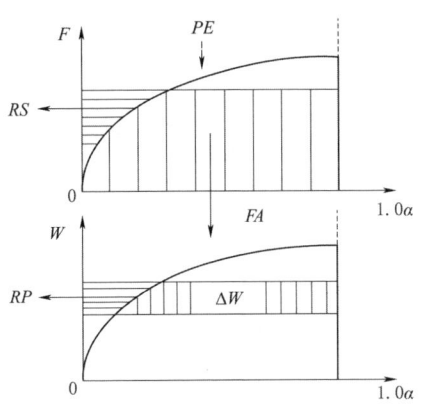

图 3.5 垂向混合产流结构图

量 E(mm),其中 $E=EU+EL+ED$。计算中还包括各层时变的流域蓄水量,即上层张力水含量 WU(mm),下层土壤张力水含量 WL(mm) 和深层土壤张力水含量 WD(mm) 和土壤张力水含量 W(mm),其中 $W=WU+WL+WD$。

计算顺序如下。

先计算蒸散发能力 EP:

$$EP=KC\cdot EM \quad (3.1)$$

当 $WU+P\geqslant EP$ 时,

$$EU=EP,\ EL=0,\ ED=0 \quad (3.2)$$

当 $WU+P<EP,\ WL\geqslant C\cdot WLM$ 时,

$$EU=WU+P,EL=(EP-EU)\cdot WL/WLM,ED=0 \quad (3.3)$$

当 $WU+P<EP,\ C\cdot(EP-EU)\leqslant WL<C\cdot WLM$ 时,

$$EU=WU,\ EL=C\cdot(EP-EU),\ ED=0 \quad (3.4)$$

当 $WU+P<EP,\ WL<C\cdot(EP-EU)$ 时,

$$EU=WU+P,\ EL=WL,\ ED=C\cdot(EP-EU)-EL \quad (3.5)$$

降水扣除蒸发之后得到净雨 PE,如图 3.5 所示,净雨 PE 首先经过下渗曲线的分配作用,被划分为地面径流 RS 和下渗的水流 FA。在其计算时,超渗产流和蓄满产流的产流面积是随着土壤湿度和下渗水量的变化而变化的,其面积变化公式见式(3.6)。

$$\alpha=1\left(1-\frac{FA+W'}{WMM}\right) \quad (3.6)$$

式中:α 为蓄满产流面积比;FA 为下渗水量;W' 为单点含水量;WMM 为土壤最大含水量。

采用改进的格林-安普特下渗曲线[149]来计算流域内的下渗水量,见式(3.7)。

$$FM=FC\left(1+KF\frac{WM-W}{WM}\right) \quad (3.7)$$

式中:FM 为流域平均的下渗能力;FC 为流域在饱和条件下的下渗率;KF 为土壤缺水量对下渗率的渗透系数;WM 为田间持水量;W 为流域实际含水量。

上式中的变量为流域实际含水量,难以根据实际观测得到,通常通过模型计算获得,根据计算得到的流域平均下渗能力 FM 和下渗曲线可得到流域实际的下渗量 FA 见式(3.8)。

$$FA=\begin{cases}FM & PE\geqslant FM(1+BF)\\ FM-FM\left[1-\dfrac{PE}{FM(1+BF)}\right]^{1+BF} & PE<FM(1+BF)\end{cases} \quad (3.8)$$

式中:FA 为实际下渗量;BF 为下渗能力空间分布特征参数;其余参数意义

同前。

当降水扣除蒸发产生的净雨达到地面时，如雨强大于下渗能力则产生直接径流 RS，见式（3.9）。

$$RS = PE - FA \tag{3.9}$$

产生的下渗水量 FA 首先补充土壤缺水量，在缺水量较小的区域，若达到田间持水量之后产生地面以下径流 RR，计算公式见式（3.10）和式（3.11）。

$$\alpha = WM(1+B)\left[1 - \left(1 - \frac{W}{WM}\right)^{\frac{1}{1+B}}\right] \tag{3.10}$$

$$RR = \begin{cases} FA + W - WM & FA + \alpha \geqslant WM \\ FA + W - WM + WM\left[1 - \dfrac{FA + \alpha}{WM(1+B)}\right]^{1+B} & FA + \alpha < WM \end{cases} \tag{3.11}$$

式中：α 为初始土壤平均含水量 W 的最大值；B 为蓄水容量曲线分布指数。

总产流量为

$$R = RS + RR \tag{3.12}$$

3.2.1.3 产沙计算

1. 坡面产沙

流域坡面产沙，首先是由降水打击地面开始，形成新的地面疏松土壤与地面已堆积的疏松土壤（由自然风化和人类活动形成）一道为地面径流搬运而运动。在搬运运动过程中，如果泥沙含量超过了水流挟沙能力，就产生泥沙沉淀，否则就产沙冲刷，形成新的侵蚀。如果地面堆积的疏松土壤量大，地面径流不能全部搬运使之运动。如果降水没有产生地面径流，疏松土壤也不会自己产生运动。所以降水打击地面产生疏松土壤的作用只是为产沙提供了一部分来源，也不是有击溅就必然有产沙。而地面径流既可反映对疏松土壤的搬运能力，又可反映运动过程沿程的冲刷和沉淀作用。在数学意义上讲，地面径流的水力要素是流域产沙的充分与必要条件。坡面产沙自然就可简化降水打击地面产生疏松土壤的作用结构，突出泥沙搬运水力要素作用。

坡面产沙按照动力作用机理对河道出口断面悬移沙影响的差异，可以概化为如下四种。

（1）雨前侵蚀。雨前侵蚀主要是在无雨期流域上发生的气候风化导致表层土壤疏松、农业耕作之类的人类活动松土和蚯蚓之类的昆虫松土等引起的流域疏松土壤堆积。这侵蚀的主要作用因素是气候和人类活动。这类侵蚀如果不发生地面径流搬运，不会到达河道出口断面（不考虑风力引起的土壤运动）。

（2）降雨侵蚀。降雨侵蚀就是由雨滴打击坡面土体形成的疏松土壤。这侵蚀的主要动力作用因素是降水特性，如雨滴直径、雨滴下降速度等。类似于雨前侵蚀，如果不发生地面径流搬运其疏松的土壤也不会到达河道出口断面。

（3）土壤输移。土壤输移就是由地面径流运动携带地面堆积的疏松土壤向河道出口断面运动的过程。土壤输移作用限制在地面水流对坡面堆积疏松土壤的搬运，其动力作用因素主要是坡面水流的水力要素，如地面径流水深、水流运动速度等。

（4）沿程冲淤。沿程冲淤指的是当地面径流携带的泥沙含量低（高）于水流挟沙能力时运动过程中对沿程土壤产沙的冲刷（淤积）作用。这作用包含水流的侵蚀能力和沿程坡面土体的抗侵蚀能力，水流侵蚀能力影响因素由水力要素组成，抗侵蚀能力由土壤特性因素所决定。该作用过程是坡面产沙最复杂的机理。

这四类作用机理中，雨前和降雨侵蚀产生的疏松土壤与河道出口断面的泥沙只是间接关系，要通过地面水流搬运才产生作用，所以可以在坡面产沙模型构建中忽略。土壤输移过程由于作用限制在地面水流对疏松土壤的搬运，其动力作用因素主要是坡面水流的水力要素，这过程的作用机理较简单，模型构建容易物理概念化。而沿程冲淤由于同时受水流的侵蚀能力和沿程坡面土体的抗侵蚀能力作用，机理复杂，模型构建难以物理概念化。所以，包为民教授提出将反映侵蚀能力的时变水力要素与抗侵蚀能力作用的时不变土体特性因素分离考虑构建概念性坡面产沙模型。

对于流域坡面上的任一土壤颗粒，在水力作用下的侵蚀过程，主要作用力可概化为水流对颗粒的拖曳力 τ 和颗粒对水流的抗动力 τ_f，见图3.6。当水流的拖曳力大于土壤颗粒的抗动力，土壤颗粒就随水流运动，否则不运动。由此可知，假如已知颗粒粒径、抗动力和拖曳力的流域分布，就可估算流域的坡面侵蚀产沙量。然而，这是很难实现的。为此，根据这些特征量的物理概念，提出水力侵蚀能力和土体抗侵蚀能力概念及其定量化结构。

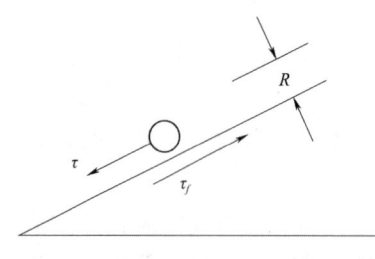

图3.6 坡面土壤颗粒作用力概念图

首先定义流域坡面水流挟沙能力为流域坡面上处处有足够供水流挟带的疏松土壤时水流能带走的泥沙量。由于是疏松土壤，可以认为土壤颗粒的抗动力不随时间而变化。因此，这样的挟沙能力反映了坡面水流的水力因素、地形和土质因素的综合作用。如果流域的地形和土质不受人类活动、自然灾害破坏而突然改变，那么，这些因素对产沙影响随时间的改变是缓慢的，可看作时不变因素。由此，挟沙能力随时间的变化唯一取决于坡面水流条件。全流域平均的坡面水流挟沙能力 SC 为

$$SC = ACM \cdot R \cdot A \tag{3.13}$$

$$ACM = CM/P_{\max} \tag{3.14}$$

式中：R 为全流域坡面平均的径流深；ACM 为坡面水力侵蚀能力系数；A 为全流域坡面面积；$P_{\max}$ 为流域最大降水量；CM 为全流域坡面水流最大可能含沙量，kg/m^3。其中 CM 值可取为常数也可是变数，主要取决于坡面水流因素的变化幅度。

然而，对于实际坡面不可能处处有足够供水流携带的疏松土壤，也就是说水流除携带疏松土壤外还要去剥离一些非疏松的土壤颗粒，所以在剥离过程中由于土壤颗粒的抗动力作用导致实际的产沙量小于水力侵蚀能力。将水力侵蚀能力与实际产沙量之差称为土壤抗侵蚀能力 RE_m（kg）。则坡面产沙平衡关系为

$$SI = SI_m - RE_m \tag{3.15}$$

式中：SI 为坡面产沙量，kg。

由于流域坡面的土壤颗粒直径、颗粒与其土壤母体间的黏结力受土壤结构、植被等影响而空间变化，所以抗侵蚀能力也是空间变化的。例如，草、农作物、树的根系生长区域颗粒的抗侵蚀能力就会大些，黏性小的砂性颗粒抗侵蚀能力也会小些，行走的道路上颗粒的抗侵蚀能力就会大些，受人类松土活动后的颗粒抗侵蚀能力就会小些等。这下垫面土壤结构、植被等因素影响土壤抗侵蚀能力的空间变化，难以用一个空间变化函数来表述，这里提出用统计分布函数来描述。

设想把研究的坡面区域划分为 n 个单元，各单元的面积为 A_1，A_2，…，A_n，令单元上相应的抗侵蚀能力为 RE_{m1}，RE_{m2}，…，RE_{mn}。把流域各点变化的抗侵蚀能力按大小排序为

$$\begin{cases} RE'_{m1}, & A'_1, \quad 0 \leqslant RE_m \leqslant RE'_{m1} \\ RE'_{m2}, & A'_2, \quad RE'_{m1} < RE_m \leqslant RE'_{m2} \\ RE'_{mn}, & A'_n, \quad RE'_{mn-1} < RE_m \leqslant RE'_{mn} \end{cases} \tag{3.16}$$

令 $\alpha_i = \sum\limits_{j=1}^{i}\left(A_j \Big/ \sum\limits_{k=1}^{n} A_k\right)$，以 RE'_{mi} 为纵坐标，α_i 为横坐标，点绘 RE'_{mi} 与 α_i 的关系，当划分的单元数 n 越来越大时，该直方图趋于光滑曲线，即为流域土壤抗侵蚀能力空间分布曲线，如图 3.7 所示。

图 3.7 中曲线可由下式表示：

$$\frac{1-\alpha}{1-\alpha_0} = \left(1 - \frac{REC}{REMM}\right)^{BS} \tag{3.17}$$

由此可知，流域坡面实际产沙应是水流挟沙能力与土壤抗侵蚀能力之差的积分。那么流域坡面实际产沙量为

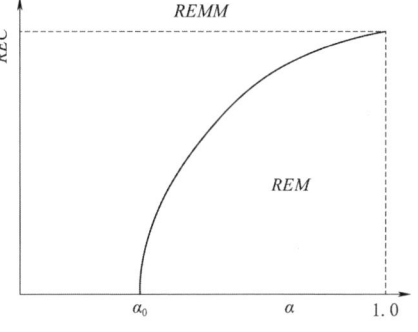

图 3.7 土壤抗侵蚀能力分布曲线示意图

$$SS = \int_0^{SC} \alpha \, \mathrm{d}(REC) \tag{3.18}$$

积分上式得

$$SS = \begin{cases} SC - REM\left[1 - \left(1 - \dfrac{SC}{REMM}\right)^{BS+1}\right], & SC < REMM \\ SC - REM, & SC \geqslant REMM \end{cases} \tag{3.19}$$

其中，$REM = \int_{\alpha_0}^{1} REC \, \mathrm{d}\alpha = \dfrac{1-\alpha_0}{1+BS} REMM$。

式中：REC 为土壤抗侵蚀能力，kg；α 为土壤颗粒抗侵蚀能力小于 REC 的面积比；α_0 为抗侵蚀能力等于零值的面积比；$REMM$ 为流域最大抗侵蚀能力，kg；REM 为流域平均侵蚀能力；BS 为土壤抗侵蚀能力-面积分布曲线指数。

2. 沟蚀产沙

沟蚀产沙可表达为沟道水流流量与水流含水量的乘积，见式（3.20）。

$$SG = CG \cdot Q \tag{3.20}$$

式中：SG 为沟道侵蚀产沙速率，kg/s；CG 为沟道含沙量，kg/m³；Q 为沟道水流流量，m³/s。

沟道水流含沙量的计算公式根据拜格诺的河道水流悬移质泥沙公式，见式（3.21）。

$$SG_q = e_s a (1-e_b) \dfrac{r_s r h J u^2}{(r_s - r)w} \tag{3.21}$$

式中：SG_q 为河道水流携带悬移质泥沙量；e_s 和 e_b 分别为维持水流推移质和悬移质运动的效率系数；r 和 r_s 分别为水和泥沙的容重；a 为河道水流垂线平均流速和断面平均流速的比例系数；h 为断面平均水深；u 为断面平均流速；J 为水力坡度。

对于平均河宽为 B 的河道来讲，其断面沟道产沙量为

$$SG_q B = \dfrac{e_s a (1-e_b) r_s r J}{(r_s - r)w} B h u^2 \tag{3.22}$$

令 $CSS = \dfrac{e_s a (1-e_b) r_s r J}{(r_s - r)w}$，可得

$$SG_q B = CSS \cdot u \cdot Q \tag{3.23}$$

其中，$Q = Bhu$。对比式（3.23）与式（3.20），可得

$$CG = CG' \cdot u \tag{3.24}$$

$$CG = CGM \dfrac{u}{u_M} \tag{3.25}$$

其中，$CGM = CSS \cdot u_M$；$u = V_A \left[\dfrac{\ln(Q+1)}{LQB}\right]^{BV}$。

式中：u_M 为断面平均流速，m/s；CGM 为沟道平均产沙密度 kg/m³；CSS 为

坡面毛沟侵蚀参数；LQB 为 $\ln(Q+1)$ 的时段平均值；V_A 为 $\ln(Q+1)=LQB$ 时的沟道水流平均流速 m/s；BV 为参数。

综合可得沟道侵蚀产沙速率见式（3.26）。

$$SG = CGM \left[\frac{\ln(Q+1)}{LQB} \right]^{BV} Q \tag{3.26}$$

将坡面产沙和沟道产沙相加可得流域次洪产流总量，见式（3.27）。

$$S = \sum_{i=1}^{N} SP_i + \sum_{i=1}^{N} SG_i \Delta t \tag{3.27}$$

式中：N 为次洪时段数；Δt 为次洪资料时段长。

3.2.1.4 汇流计算

采用敞开式自由水箱按比例进行水源划分，如图 3.8 所示。

产生的地面以下径流进入敞开式自由水箱时先补充自由水 S，然后通过壤中流和地下径流出流系数计算出流。

$$S_t = S_{t-1} + RR_t \tag{3.28}$$
$$RI_t = KI \cdot S_t \tag{3.29}$$
$$RG_t = KG \cdot S_t \tag{3.30}$$

式中：S_t 与 S_{t-1} 分别为本时段和上一时段自由水蓄量；RI_t 与 RG_t 分别为本时段壤中流流量和地下径流流量；KI 与 KG 分别为壤中流和地下径流的出流系数。

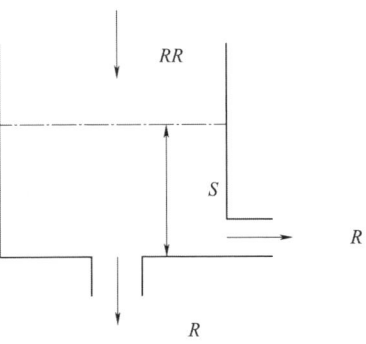

图 3.8 敞开式自由水箱示意图

1. 坡地汇流

经过水源划分之后，对于坡面汇流阶段通常采用单位线或者线性水库的方法来计算，这里全部采用线性水库，并且根据河网蓄水消退系数 CS，壤中流消退系数 CI 和地下水消退系数 CG 来计算汇流量。

地表径流汇流计算公式见式（3.31）。

$$QS_t = CS \cdot QS_{t-1} + (1-CS) \cdot RS_t \cdot U \tag{3.31}$$

式中：QS_t 为本时段的地表径流，m^3/s；QS_{t-1} 为上一个时段的地表径流，m^3/s；CS 为地表径流的消退系数；RS 为地表径流量，mm；U 为单位转换系数。

表层自由水或者深层自由水受到土壤的调蓄作用进入河网，壤中流汇流的计算公式见式（3.32）。

$$QI_t = CI \cdot QI_{t-1} + (1-CI) \cdot RI_t \cdot U \tag{3.32}$$

式中：QI_t 为本时段的地表径流，m^3/s；QI_{t-1} 为上一个时段的地表径流，m^3/s；CI 为壤流的消退系数；RI_t 为地表径流量，mm；其余意义同前。

地下径流也采用线性水库进行计算：

$$QG_t = CG \cdot QI_{t-1} + (1-CG) \cdot RG_t \cdot U \quad (3.33)$$

式中：QG_t 为本时段的地表径流，m³/s；QI_{t-1} 为上一个时段的地表径流，m³/s；CG 为地下径流的消退系数；RG 为地表径流量，mm；其余意义同前。

2. 河网汇流

对于水量平衡方程的线性差分形式和马斯京根的槽蓄方程进行求解：

$$0.5 \cdot (I_1 + I_2) \cdot \Delta t - 0.5 \cdot (Q_1 + Q_2) \cdot \Delta t = W_2 - W_1 \quad (3.34)$$

$$W = K[xI + (1-x) \cdot Q] \quad (3.35)$$

对以上两式联立并对第一、第二时段进行差分求解可得

$$Q_2 = C_0 I_2 + C_1 I_1 + C_2 Q_1 \quad (3.36)$$

其中，$C_0 + C_1 + C_2 = 1$；$C_0 = \dfrac{0.5\Delta t - Kx}{0.5\Delta t + K - Kx}$；$C_1 = \dfrac{0.5\Delta t + Kx}{0.5\Delta t + K - Kx}$；$C_3 = \dfrac{-0.5\Delta t + K - Kx}{0.5\Delta t + K - Kx}$。

3.2.1.5 汇沙计算

1. 河段泥沙平衡与蓄泄关系

泥沙在水流汇流阶段随时水流被搬运至出口断面的过程称为泥沙汇沙阶段。泥沙汇集与水流汇流运动相辅相成，这里借鉴水流汇流阶段的方法经验，建立概念性汇沙公式。泥沙汇集概念模拟，忽略水沙间的相互作用，可把水沙分离模拟。

考虑流域上任一控制元的泥沙质量平衡，有

$$\frac{\mathrm{d}WS(t)}{\mathrm{d}t} = IS(t) - OS(t) + qs(t) \quad (3.37)$$

式中：$WS(t)$ 为控制元内随水流运动着的泥沙量，kg；$IS(t)$ 和 $OS(t)$ 分别为输入和输出控制元的泥沙速率；$qs(t)$ 为控制元内的冲淤速率。

在泥沙汇集模拟应用中，$IS(t)$ 与 $qs(t)$ 是已知，$WS(t)$ 和 $OS(t)$ 为未知，但 $OS(t)$ 和 $WS(t)$ 间密切相关。考虑坡面控制元时有[21]

$$WS(t) = KS[XS \cdot IS(t) + (1-XS) \cdot OS(t)] \quad (3.38)$$

式中：KS 为泥沙颗粒平均运动时间；XS 为泥沙比重系数，或说沙峰随洪水波运动过程中的坦化系数。式（3.38）表达了河段平均输沙速率 $XS \cdot IS + (1-XS) \cdot OS(t)$ 与河段泥沙总量间的线性关系。

2. 河段泥沙冲淤分析

河段中的泥沙冲淤与水力和泥沙颗粒因素密切相关。在一定的水力和泥沙条件下，水流所能携带的最大泥沙含量为水流挟沙能力 C_*（kg/m³）。水流挟沙能力是介于冲刷与淤积之间的临界值，如果水流的含沙量小于挟沙能力就产生冲刷，否则就淤积。把反映一个断面的冲刷和淤积能力定量化为

$$qs_u(t) = \xi C_* Q(t) \tag{3.39}$$

$$qs_d(t) = \xi C(t) Q(t) \tag{3.40}$$

式中：qs_u 和 qs_d 为断面的冲刷和淤积能力，kg/s；ξ 为冲淤系数；C 为水流含沙量，kg/m³。据式（3.40）和式（3.41），断面冲淤速率可表达为

$$qs(t) = \xi[C_* - C(t)]Q(t) \tag{3.41}$$

一个研究河段，由于水流流量是变化的，上下断面流量分别为 $I(\text{m}^3/\text{s})$ 和 $Q(\text{m}^3/\text{s})$，则河段平均冲淤速率可加权平均得

$$qs(t) = \beta\xi[CI_* - CI(t)]I(t) + (1-\beta)\xi[C_* - C(t)]Q(t) \tag{3.42}$$

式中：β 为上下游断面冲淤速率比重系数；CI_* 和 CI 为上断面水流挟沙能力和含沙量，kg/m³。

3. 泥沙汇集模拟公式

对式（3.37）进行差分计算：

$$\frac{WS(t+\Delta t) - WS(t)}{\Delta t} = \frac{IS(t+\Delta t) + IS(t)}{2} - \frac{OS(t+\Delta t) + OS(t)}{2} + \frac{qs(t+\Delta t) + qs(t)}{2} \tag{3.43}$$

将式（3.38）和式（3.42）代入式（3.43）得泥沙演算公式为

$$OS(t+\Delta t) = CS_0 \cdot IS(t+\Delta t) + CS_1 \cdot IS(t) + CS_2 \cdot OS(t) + r(t) \tag{3.44}$$

其中，

$$\begin{cases} b_0 = \left(0.5 - \frac{KS}{\Delta t} \cdot XS - 0.5\xi\beta\right)/RR \\ b_1 = \left(0.5 + \frac{KS}{\Delta t} \cdot XS - 0.5\xi\beta\right)/RR \\ b_2 = \left[\frac{KS}{\Delta t} \cdot (1-XS) - 0.5 - 0.5\xi(1-\beta)\right]/RR \\ r(t) = \{0.5\xi[\beta[CI_* \cdot I(t+\Delta t) + CI_* \cdot I(t)] + \\ \qquad (1-\beta)[C_* Q(t+\Delta t) + C_* Q(t)]]\}/RR \\ RR = \frac{KS}{\Delta t} \cdot (1-XS) + 0.5 + 0.5\xi(1-\beta) \end{cases} \tag{3.45}$$

3.2.1.6 模型参数

概念性模型是基于对水文过程长期实践和认识的基础上，根据具体研究的对象和目的，找出影响规律的因素，并分析这些因素对自然规律影响作用的大小，抓住主要因素，忽略次要因素，将相应的水文过程进行物理概化，其参数大多具有较为明确的物理意义，一定程度上反映了流域的水文特性，可以通过

第3章 水沙耦合物理概念模型研究

流域自然特征或者测量值得到，但由于认知程度和观测手段有限，模型中大部分参数很难获得其准确值。本书所用的水沙物理概念耦合模型的参数、参数物理意义和敏感性见表3.1。

表 3.1 水沙物理概念模型参数表

模块	层次	参数符号	参数意义	单位	敏感性
水流模拟	蒸散发	KC	流域蒸散发折算系数	—	敏感
		WUM	流域上层蓄水容量	mm	不敏感
		WLM	流域下层蓄水容量	mm	不敏感
		C	深层蒸散发扩散系数	—	不敏感
	产流	WM	流域平均蓄水容量	mm	敏感
		FC	流域稳定下渗率	mm/h	敏感
		B	流域蓄水容量分布曲线指数	—	不敏感
		BF	流域下渗率分布曲线指数	—	不敏感
		KF	土壤水对下渗率影响系数	—	不敏感
	分水源	KI	自由水壤中流出流系数	—	敏感
		KG	自由水地下水出流系数	—	敏感
	汇流	CS	河网蓄水消退系数	—	敏感
		CI	壤中流消退系数	—	敏感
		CG	地下水消退系数	—	敏感
		KE	马斯京根法河段传播时间	h	敏感
		XE	马斯京根法流量比重系数	—	敏感
泥沙模拟	产沙	ACM	坡面水力侵蚀能力系数	—	敏感
		CM	全流域坡面水流最大可能含沙量	kg/m³	不敏感
		$REMM$	流域坡面最大抗侵蚀能力	kg	敏感
		BS	抗侵蚀能力分布曲线指数	—	不敏感
		KXI	泥沙冲淤系数	—	敏感
		α_0	抗侵蚀能力为零的面积比	—	不敏感
		CSS	坡面细沟侵蚀参数	—	敏感
		CGM	沟道水流达平均流速时的沟道产沙浓度	kg/m³	敏感
		BTa	泥沙冲淤速率权重系数	—	敏感
		CM	断面最大含沙量	kg/m³	不敏感
	汇沙	KS	河段输沙平均传播时间	h	敏感
		KS_g	沟道泥沙传播时间	h	敏感
		XS	河段输沙权重系数	—	敏感

水沙物理概念模型参数众多，其各个参数不能全凭经验取值，在这里对各层次参数之间作用和主要参数进行分析。对水流子系统而言，蒸散发计算中比较重要的参数是流域蒸散发折算系数 KC，KC 在产流计算时控制水量平衡，反映流域土壤植被和下垫面的水文特性，是流域地理条件和气候条件共同影响的结果；而流域上层蓄水容量 WUM，流域下层蓄水容量 WLM 和深层蒸散发折算系数 C 都不是敏感参数。根据经验，在取值范围蓄水容量通常跟土湿成正比，因此在蒸散发计算中只对蒸散发折算系数 KC 进行参数率定，其余参数根据流域水文特性取经验值。在产流中比较重要的参数是流域稳定下渗率 FC，其值的变化除与土壤本身的含水量有关之外，还跟流域的下垫面分布情况有关，参数较为敏感，因此在产流计算层次只针对 FC 进行参数率定，其余参数根据经验和流域水文特征给出。分水源参数对水源划分过程较为敏感，在这里对自由水壤中流出流系数 KI 和自由水地下水出流系数 KG 进行参数率定。在汇流阶段，马斯京根法参数 KE 和 XE 主要取决于河道的水力特征和模型模拟所选取的时段有关，这里根据实际情况给出，不参与参数率定，其余参数参与参数率定。

对泥沙子系统而言，产沙计算中流域坡面最大抗侵蚀能力 $REMM$ 相对敏感，其单位是 kg，表示在坡面上土壤颗粒平均的抗侵蚀能力，受土壤含水量和下垫面条件的影响。如果 $REMM$ 的值增大，则整体的产沙量将会减小，但在下垫面植被较差的情况下其值的变化对结果影响较小；CGM 表示当沟道水流在平均流速时的沟道产沙能力，其值受沟道水流条件的影响，参数值的变化对产沙量也影响较大，这两个参数均参与参数率定。参数 CM 表示坡面水流的挟沙能力，其取值的大小直接对坡面产沙量的大小产沙影响，在相同雨量的条件下，历时越短，其值越大。其值可取为流域内沟道侵蚀小的流域含沙量的最大值，不参与参数率定。而参数 BS 是土壤抗侵蚀能力分布曲线指数，是反映流域土壤抗侵蚀能力空间分布不均匀性的系数，不敏感，根据流域水文特性取值；参数 α_0 表示当坡面抗侵蚀能力为零值时的面积比，可根据土壤含水量来确定，另外一个参数 BV 是反映流速相关系数，三个参数均不参与率定。在汇沙阶段，KS 和 KSg 分别表示坡面和沟道泥沙的传播时间，而中 XS 的变化对退沙过程产生直接影响，其值越大，退沙越缓慢。三个参数在汇沙阶段相对敏感，均参与参数率定。

由于水沙物理概念模型需要率定的参数较多，人工率定费时费力，而现有的参数自动率定算法大都是在误差平方和曲面上寻找参数优值，方法存在诸多局限性和不确定性。因此，本书选用包为民教授提出的系统响应参数率定方法来率定水沙物理概念模型的参数。

3.2.2 模型参数率定

水沙模型参数率定,是把模型分为水流和泥沙两个模块分别率定,由于模型结构中,水流子系统直接影响泥沙子系统,因此先率定水流再率定泥沙。水流模块分为产流和汇流两个层次,泥沙模块分产沙和汇沙两个层次。本书采用包为民教授提出的参数函数曲面率定方法[193-196]率定模型参数,产流参数率定以产流量相对误差最小作为目标函数,汇流参数率定以流量过程误差平方和最小作为目标函数,产沙参数率定以产沙量相对误差最小作为目标函数,汇沙参数率定以输沙率过程误差平方和最小作为目标函数。三个流域的参数率定结果见表3.2。

表 3.2 试验流域参数率定结果

流域		王茂沟	韭园沟	岔巴沟
水流参数	KC	1	1	1
	WM	247.89	250.12	280.57
	WUM	20	20	20
	WLM	80	80	80
	C	0.1	0.16	0.16
	FC	9.97	9.97	6.18
	BF	0.21	0.13	0.13
	KI	0.4	0.4	0.3
	KG	0.35	0.37	0.55
	CS	0.1	0.1	0.5
	CI	0.95	0.95	0.65
	CG	0.995	0.995	0.995
	KE	0.5	0.5	0.3
	XE	0.05	0.05	0.05
泥沙参数	ACM	1.55	0.99	0.22
	CM	50.15	805.56	1855.17
	REMM	800	700	1000
	BS	1	1	1
	KXI	0.1	0.5	0.03
	CSS	2.2	5.34	4.05
	CGM	56.11	100	100
	XS	0.1	0.3	0.2
	KS	0.1	0.2	0.2

3.2.3 模型精度评价指标

本书中,水流模拟选取的评价指标如下:径流深相对误差和流量过程确定性系数来衡量水流模拟结果的好坏;泥沙模拟选用产沙量相对误差和输沙率过程确定性系数来作为精度评价指标。

(1) 径流深相对误差。该指标是指计算得到的径流深与实测径流深的比值。计算公式如下:

$$\Delta R = \frac{\sum_{i=1}^{n} R_C(i) - \sum_{i=1}^{n} R_O(i)}{\sum_{i=1}^{n} R_O(i)} \times 100\% \quad (3.46)$$

式中:ΔR 为径流量相对误差;R_C 为模型计算径流深,mm;R_O 为实测径流深,mm。

本书径流量相对误差取 20% 为许可误差,当实测值大于 20mm 时,取 20mm;当实测值小于 3mm 时,取 3mm。

(2) 流量过程确定性系数。该指标是用来表示模型计算的流量过程线与实测流量的过程线之间的吻合程度,在日模型中该指标作为参考而不做主要判定标准。计算公式如下:

$$DC = 1 - \frac{\sum_{i=1}^{n} [Q_C(i) - Q_O(i)]^2}{\sum_{i=1}^{n} [Q_C(i) - \overline{Q}_O]^2} \quad (3.47)$$

式中:DC 为流量过程确定性系数;$Q_C(i)$ 为模型计算流量,m³/s;$Q_O(i)$ 为实测流量,m³/s;$\overline{Q}_O$ 为实测流量平均值,m³/s。

(3) 输沙率相对误差。该指标是指计算得到的输沙率与实测输沙率的差与实测输沙率的比重,计算公式如下:

$$RS = (RS_C - RS_O)/RS_O \times 100\% \quad (3.48)$$

由于泥沙模拟精度的判定暂无明确标准,这里取相对误差 30% 作为许可误差。

(4) 输沙率过程确定性系数。该指标是用来表示模型计算的流量过程线与实测流量的过程线之间的吻合程度,在日模型中该指标作为参考而不做主要判定标准。计算公式如下:

$$DS = 1 - \frac{\sum_{i=1}^{n} [S_C(i) - S_O(i)]^2}{\sum_{i=1}^{n} [S_C(i) - \overline{S}_O]^2} \quad (3.49)$$

式中：DS 为输沙率过程确定性系数；$S_C(i)$ 为模型计算输沙率，kg/s；$S_O(i)$ 为实测输沙率，kg/s；$\overline{S_O}$ 为实测输沙率平均值，kg/s。

3.2.4 模型模拟结果分析

将水沙耦合模型应用到王茂沟、韭园沟和岔巴沟三个流域进行模拟效果分析。三个流域基本信息和所使用的资料情况见表3.3。

表3.3　王茂沟、韭园沟和岔巴沟流域基本信息和所用资料情况

流域代码	流域名称	流域面积/km²	雨量站数/个	资料年份	时长/min	洪水场次
1	王茂沟	5.97	2	1961—1964	6	11
2	韭园沟	70.1	11	1954—1977	6	16
3	岔巴沟	187	46	1960—2013	30	80

3.2.4.1 王茂沟流域

王茂沟流域11场洪水资料改进前的水沙模型模拟结果见表3.4。表中，R、RC、eR、$DC(QC)$、S、SC、eS、$DC(SC)$ 分别为实测径流量、计算径流量、径流量相对误差、流量过程确定性系数、实测输沙率、计算输沙率、输沙率相对误差和输沙率过程确定性系数。

表3.4　王茂沟流域改进前的水沙模型模拟结果表

洪号	R/mm	RC/mm	eR/%	$DC(QC)$	S/(kg/s)	SC/(kg/s)	eS/%	$DC(SC)$
119610801	46.4	42.3	−9.00	0.522	23035	23035	0.00	0.825
119610813	1.0	0.9	−10.53	0.658	246	249	1.22	0.293
119620715	1.5	1.6	3.27	0.41	681	697	2.35	0.489
119630601	0.3	0.2	−15.38	−0.129	38	43	13.16	0.154
119630803	1.2	0.9	−24.17	0.359	637	478	−24.96	0.286
119630829	4.4	4.1	−7.92	0.758	2493	1390	−44.24	0.327
119640705	10.3	9.7	−5.90	0.719	5393	2542	−52.86	0.462
119640712	0.6	0.6	4.69	0.393	252	279	10.71	0.436
119640714	3.6	3.3	−6.44	0.451	2144	1804	−15.86	0.622
119640721	2.1	1.92	0.454	1158	611	−47.24	0.141
119640911	1.6	1.4	−8.92	0.363	411	464	12.90	0.451
平均值	6.6	6.1	−7.13	0.451	3317	2872	−13.42	0.408

注　洪号编号规则为"流域代码+洪水起始时间年月日"，下同。

由表3.4的模拟结果可以看出，改进前的水沙模型在王茂沟流域水流模拟精度较高，11场洪水中仅有1场洪水计算径流量误差超过20%，径流量相对误

差在 20% 以内的场次占比达 90.9%，11 场洪水平均径流量相对误差为 −7.13%，流量平均确定性系数为 0.451。泥沙模拟精度相对水流模拟稍低，11 场洪水资料中有 8 场洪水的计算输沙率相对误差在 30% 以内，输沙率模拟相对误差在 30% 以内的比例为 72.7%，时段平均输沙率相对误差为 −13.42%，输沙率平均确定性系数为 0.408，由此可见，水沙模型在王茂沟流域模拟效果较好。

3.2.4.2 韭园沟流域

将改进前的水沙模型运用于韭园沟流域 16 场洪水资料进行水沙模拟计算，结果见表 3.5。表中各项指标的含义同前。

表 3.5　　　　韭园沟流域改进前的水沙模型模拟结果表

洪号	R/mm	RC/mm	eR/%	$DC(QC)$	S/(kg/s)	SC/(kg/s)	eS/%	$DC(SC)$
219590820	21.5	21.4	−0.84	0.329	14801	13161	−11.08	0.626
219590828	5.0	4.5	−10.40	0.811	3191	2538	−20.46	0.542
219590913	4.8	5.6	15.50	0.207	3740	3491	−6.66	0.295
219610801	34.1	26.9	−20.95	0.488	16059	15478	−3.62	0.839
219640705	15.5	15.6	0.97	0.923	7843	12295	56.76	0.76
219640714	5.3	6.4	19.51	0.824	3086	3224	4.47	0.698
219640911	3.31	3.86	16.62	0.768	900	3765	318.33	−2.209
219660717	11.6	13.1	13.42	0.321	5545	5037	−9.16	0.564
219660719	11.5	10.1	−12.10	0.466	7278	5143	−29.33	0.615
219670717	9.0	8.8	−2.99	0.676	4232	5322	25.76	0.586
219670810	3.8	4.5	18.54	0.734	1868	2011	7.66	0.633
219670822	7.3	8.2	12.10	0.203	3760	3735	−0.66	0.525
219670830	5.0	5.7	14.89	0.482	2792	2766	−0.93	0.585
219770805	21.3	18.4	−13.51	0.704	108554	107070	−1.37	0.668
219770817	9.0	10.3	14.22	0.747	7664	4770	−37.76	0.545
219770820	32.6	28.4	−12.78	0.323	17933	19678	9.73	0.569
均值	12.5	12.0	3.26	0.563	13078	13093	18.85	0.428

分析表 3.5 可知，改进前的水沙模型在韭园沟流域水流模拟精度较高，16 场洪水中仅有 1 场洪水计算径流量误差超过 20%，径流量模拟相对误差在 20% 以内的场次占比达 93.8%，16 场洪水平均径流量相对误差为 3.26%，流量平均确定性系数为 0.563，相较于王茂沟流域而言，各场次洪水的流量确定性系数相对较高。与王茂沟流域类似，泥沙模拟精度相对于水流模拟较低，16 场洪水资料中有 13 场洪水的计算输沙率相对误差在 30% 以内，输沙率模拟相对误差在 30% 以内的比例为 81.3%，16 场洪水资料平均输沙率相对误差为 18.85%，输

沙率平均确定性系数为 0.428，各场次洪水输沙率确定性系数亦普遍高于王茂沟流域。

3.2.4.3 岔巴沟流域

改进前的水沙模型在岔巴沟流域的水沙模拟计算结果见表 3.6。表中各项指标的含义同前。

表 3.6　　　　　岔巴沟流域改进前的水沙模型模拟结果表

洪号	R/mm	RC/mm	eR/%	$DC(QC)$	S/(kg/s)	SC/(kg/s)	eS/%	$DC(SC)$
319600705	1.5	1.7	11.26	0.732	1102	772	−29.95	0.584
319600711	0.6	0.7	10.94	0.657	430	449	4.42	0.273
319600719	1.6	1.9	18.87	0.653	1170	1378	17.78	0.024
319600727	0.8	1.0	13.10	0.893	368	336	−8.70	0.519
319610730	14.1	16.6	17.61	0.502	10964	135018	1131.47	−72.725
319610813	4.2	4.3	1.66	0.437	1455	1258	−13.54	0.528
319610926	7.4	8.8	18.70	0.482	2995	2321	−22.50	0.351
319620723	2.2	2.8	27.91	0.648	1774	3257	83.60	−0.780
319620801	1.1	1.0	−6.60	0.469	770	553	−28.18	0.486
319620811	3.0	2.8	−7.36	0.565	2274	2298	1.06	0.375
319630706	1.3	1.2	−6.11	0.533	582	456	−21.65	0.307
319630826	12.1	11.6	−4.38	0.602	12930	159949	1137.04	−81.554
319630828	4.6	4.4	−3.70	0.431	3291	3028	−7.99	0.384
319640705	9.4	11.0	16.84	0.503	6016	4259	−29.21	0.539
319640714	3.0	2.8	−6.67	0.918	2208	1573	−28.76	0.709
319640911	3.0	2.8	−6.98	0.327	1364	1093	−19.87	0.330
319640917	1.2	1.1	−5.83	0.518	825	421	−48.97	0.224
319660627	10.6	9.9	−7.14	0.759	7812	13465	72.36	−1.684
319660717	35.3	36.0	2.13	0.408	28315	224730	693.68	−64.644
319660809	2.3	2.2	−5.56	0.246	1880	1053	−43.99	0.296
319660815	25.7	25.2	−2.25	0.466	20149	127045	530.53	−20.328
319680813	3.7	2.4	−35.14	0.472	2985	1722	−42.31	0.281
319700718	1.8	1.7	−7.14	0.531	1426	800	−43.90	0.240
319700731	24.6	23.3	−5.41	0.621	18666	82797	343.57	−19.208
319700807	6.8	6.3	−6.78	0.476	4530	17516	286.67	−7.443
319700827	8.5	8.2	−3.54	0.397	6115	39212	541.24	−22.698
319710723	7.4	6.7	−8.82	0.856	5252	31057	491.34	−57.040

续表

洪号	R/mm	RC/mm	eR/%	$DC(QC)$	S/(kg/s)	SC/(kg/s)	eS/%	$DC(SC)$
319720719	5.7	6.5	13.11	0.527	4844	18384	279.52	−7.606
319720731	1.4	1.6	16.43	0.741	873	663	−24.05	0.341
319730630	2.6	2.4	−8.02	0.19	2056	1377	−33.03	0.377
319730717	3.5	3.9	11.53	0.495	2254	1777	−21.16	0.464
319730815	1.5	1.4	−6.21	0.081	1044	871	−16.57	0.349
319730908	2.2	2.1	−4.98	0.794	1722	1264	−26.60	0.453
319730911	3.1	3.6	15.11	0.672	1692	1300	−23.17	0.527
319740731	10.8	9.6	−10.75	0.311	7483	7602	1.59	0.336
319770805	2.3	2.1	−8.62	0.53	1112	845	−24.01	0.315
319770811	9.5	8.6	−10.38	0.592	4613	6350	37.65	0.298
319780726	10.5	11.5	9.51	0.312	2545	9173	260.43	−8.442
319780807	16.8	14.0	−16.63	−0.279	10853	62943	479.96	−81.311
319780829	4.3	3.9	−9.81	0.613	1727	1813	4.98	0.711
319780911	2.1	2.4	15.53	0.54	818	1295	58.31	0.377
319790723	1.5	1.3	−8.84	0.675	1035	785	−24.15	0.493
319800718	0.9	0.8	−8.24	0.437	377	398	5.57	0.480
319810707	4.0	3.6	−9.90	0.938	2480	2142	−13.63	0.728
319820708	1.7	1.8	10.84	0.642	455	557	22.42	0.573
319820730	4.9	5.3	8.85	0.474	1795	2152	19.89	0.455
319830726	6.5	5.4	−16.36	0.842	4682	30102	542.93	−42.683
319830904	3.0	3.4	12.71	0.675	1765	1493	−15.41	0.599
319850619	0.6	0.7	7.81	0.763	253	328	29.64	0.706
319850812	1.9	1.8	−6.77	0.848	1047	1003	−4.20	0.851
319860703	1.5	1.4	−7.79	0.811	668	609	−8.83	0.522
319860721	0.8	0.7	−6.67	0.627	426	392	−7.98	0.393
319870826	7.9	9.5	19.92	0.423	4447	5731	28.87	0.564
319880713	3.6	3.3	−8.94	0.641	2243	3556	58.54	−0.008
319880715	6.3	5.8	−8.00	0.589	3025	2380	−21.32	0.599
319880807	10.7	9.8	−9.03	0.412	4669	3857	−17.39	0.497
319890716	9.4	8.3	−11.09	0.592	5662	8031	41.84	0.154
319890721	0.9	0.9	−5.32	0.727	443	435	−1.81	0.288
319900704	1.6	1.5	−4.35	0.566	1072	791	−26.21	0.272

续表

洪号	R/mm	RC/mm	eR/%	$DC(QC)$	S/(kg/s)	SC/(kg/s)	eS/%	$DC(SC)$
319900725	1.4	1.3	−4.96	0.456	748	426	−43.05	0.237
319900827	1.8	1.7	−3.93	0.633	835	606	−27.43	0.378
319910607	10.1	9.5	−5.92	0.447	7498	33961	352.93	−8.363
319910610	5.4	5.1	−4.66	0.845	2141	2052	−4.16	0.722
319950826	7.0	7.5	7.12	0.619	3573	5133	43.66	0.170
319950904	3.0	3.0	−1.33	0.727	1505	930	−38.21	0.515
319970731	1.6	1.7	4.27	0.747	957	471	−50.78	0.187
319980712	0.9	1.1	22.99	0.475	229	226	−1.31	0.475
320010818	3.2	3.3	3.77	0.42	1004	858	−14.54	0.320
320010818	8.9	9.7	8.50	0.351	4903	7976	62.68	−0.751
320020705	1.2	1.1	−10.66	0.041	636	332	−47.80	−0.221
320050807	2.8	2.7	−6.34	0.756	842	1071	27.20	0.523
320060507	1.5	1.3	−12.99	0.294	652	770	18.10	0.294
320060730	4.9	5.0	1.42	0.59	1304	1718	31.75	0.668
320060812	3.3	3.2	−5.69	0.407	1028	3154	206.81	−2.794
320060829	2.6	2.8	9.41	0.312	3417	4036	18.12	0.534
320090716	2.6	2.4	−6.27	0.312	734	1012	37.87	0.337
320090719	3.3	3.0	−7.32	0.665	850	1395	64.12	0.830
320100807	0.6	0.7	18.64	0.494	65	271	316.92	−1.388
320120728	7.1	6.4	−9.82	−1.245	1190	2412	102.69	−2.556
320130804	9.6	11.2	16.67	0.207	1090	3877	255.69	−0.973
均值	5.3	5.2	−1.59	0.516	3288	13910	98.52	−6.002

分析改进前的水沙模型对岔巴沟流域80场洪水的水沙计算结果可知，水流模拟与王茂沟流域和韭园沟流域类似，水流模拟精度较高，80场洪水中有77场洪水径流量误差在20%以内，径流量模拟相对误差小于20%场次占比为96.3%，平均径流量相对误差为−1.59%，流量平均确定性系数为0.516。而泥沙模拟仅44场洪水的平均输沙率相对误差在30%以内，输沙率模拟相对误差在30%以内的比例仅为55.0%，平均输沙率相对误差为98.52%，输沙率过程平均确定性系数为−6.002，无论从输沙率计算误差还是从输沙率过程模拟来看，模拟效果均较差。分析80场洪水的输沙率相对误差可以发现，岔巴沟流域的输沙率计算存在着明显的系统偏差，具体表现为2000年前计算输沙率普遍偏小，2000年后计算输沙率普遍偏大，2002年后尤为显著，且越来越

偏大。由于岔巴沟流域属于河龙区间的无定河流域，由第 2 章对无定河流域年径流量、年输沙量和植被覆盖度 NDVI 数据的分析可知，无定河流域年径流量和年输沙量存在着 1971 年和 2000 年左右的两个突变点，且该流域的 NDVI 在 20 世纪 90 年代末也发生了显著突变，该突变点正好对应着水沙模型系统偏差的转折点。可以认为，模型的泥沙计算结果在 1971 年这个年径流量和输沙量的突变点前后没有非常明显的系统偏差是由于模型本身具有很好的稳定性，当下垫面植被发生一定程度的变化时，系统可以在一定时间内保持稳定，在一定程度上证明了本模型结构的合理性和优越性。而当下垫面状况发生持续变化且变化程度越来越大时，原本静态的系统不再适用，这是形成 2000 年前后系统偏差的原因。

改进前的水沙模型在王茂沟、韭园沟和岔巴沟三个流域的模拟计算结果统计见表 3.7。

表 3.7　　改进前的水沙模型三个典型流域模拟计算结果统计

流域名称	水流模拟			泥沙模拟		
	$eR/\%$	$eR<20\%$ 场次占比/%	$DC(QC)$	$eS/\%$	$eS<20\%$ 场次占比/%	$DC(SC)$
王茂沟	−7.97	90.9	0.451	−13.42	72.7	0.408
韭园沟	3.26	93.8	0.563	18.85	81.3	0.428
岔巴沟	−1.59	96.3	0.516	98.52	55	−6.002

对比分析三个典型流域的模拟计算结果可以发现，改进前的水沙模型在这三个流域的水流模拟精度均较高，模拟结果普遍较好。相比水流模拟而言，泥沙模拟精度相对较低。与岔巴沟流域相比，王茂沟流域和韭园沟流域的泥沙模拟精度较高，输沙率过程的确定性系数也普遍较高，泥沙模拟效果相对较好。而岔巴沟流域输沙率模拟相对误差在 30% 以内的比例很低，且输沙率过程模拟效果较差。分析三个流域的洪水资料可以发现，王茂沟流域和韭园沟流域的洪水资料均在 1977 年以前，即均在无定河流域下垫面条件发生突变以前，而岔巴沟流域资料年份跨度较长，涵盖了无定河流域年径流量和年输沙量的两个突变年份。基于前述模型介绍可知，改进前的水沙模型是基于下垫面平稳假设构建的静态模型，因此原模型在仅有突变点之前洪水资料的王茂沟和韭园沟流域模拟效果较好，这验证了改进前的水沙模型结构的合理性和有效性。在资料年份跨度较长的岔巴沟流域，模型的水流模拟精度依旧较好，这说明了改进前的水沙模型产流结构依旧适用且较为稳定，但模型泥沙模拟精度显著下降，且存在了非常明显的系统偏差，说明泥沙结构受下垫面影响较大，原有的静态水沙耦合模型显然不再适用于变化条件下黄土高原的泥沙模拟，产沙结构有待改进。

由前述分析可知，人类活动导致的流域下垫面变化尤其是水利工程建设和植被覆盖度的变化，是导致流域水沙变化的两大主要因素。水沙模型中，流域产沙计算分为坡面产沙和沟道产沙，根据模型的计算原理，本书接下来从两个方面改进原模型的泥沙结构：一是坡面产沙和沟道产沙计算中两个敏感的植被参数——坡面水力侵蚀能力系数 ACM 和流域细沟侵蚀参数 CSS；二是反映植被和水利工程影响的流域抗侵蚀能力曲线[197]。

3.3 植被参数结构改进研究

3.3.1 时变植被参数结构改进

原模型中，坡面水力侵蚀能力系数 ACM 和坡面细沟侵蚀参数 CSS 是两个受植被影响很大的参数，而 20 世纪 70 年代以来，黄土高原地区开展的一系列水土保持措施，使得该区域植被覆盖度随时间不断变化。因此，首先考虑将这两个参数改进成随时间变化的参数结构。

基于前述分析，流域植被存在着明显的突变性和非线性变化，根据数据特征，本书采用指数函数对各研究流域 NDVI 序列和 (i-MCP) 进行回归分析，其中 i 为年份，MCP 为研究流域 NDVI 数据序列的突变年份（如有多个突变点，取主突变点），岔巴沟流域属于无定河流域，无定河流域 NDVI 序列的突变点为 $MCP=2002$，用指数函数对无定河流域 NDVI 序列和 (i-2002) 进行回归分析，如图 3.9 所示，得到如下函数关系：

$$NDVI_{\text{WDH}}=0.347\mathrm{e}^{0.020(i-2002)} \tag{3.50}$$

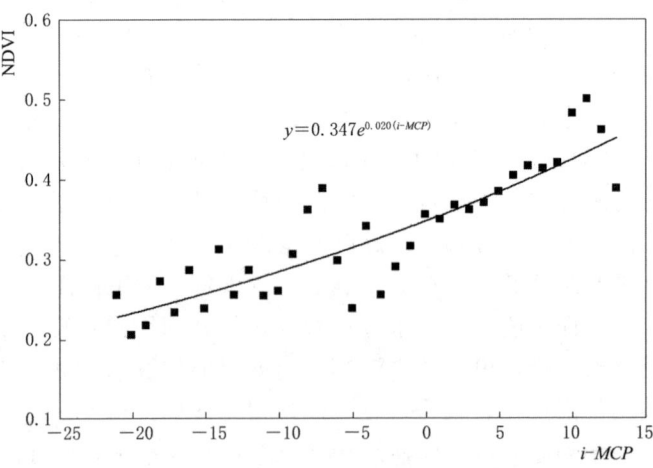

图 3.9 无定河流域 NDVI 序列和 (i-MCP) 的函数关系图

基于该函数关系结构，构建坡面水力侵蚀能力系数 ACM 和坡面细沟侵蚀参数 CSS 的时变结构如下：

$$ACM_i = ACM_0 \cdot \frac{[0.347e^{0.020(i-2002)}]^b}{BTa} \tag{3.51}$$

$$CSS_i = CSS_0 \cdot \frac{[0.347e^{0.020(i-2002)}]^b}{BTa} \tag{3.52}$$

$$BTa = \sum_{i=k}^{k+n-1} \frac{[0.347e^{0.020(i-2002)}]^b}{n} \tag{3.53}$$

式中：i 为具体年份；k 为资料起始年份；n 为资料总年数；b 为常参数，$-2 < b < -1$，对于岔巴沟流域，率定结果为 $b = -1.3$。

3.3.2 时变植被参数结构改进应用检验

将改进后的模型运用到岔巴沟流域进行应用检验，模拟结果见表 3.8。由于此改进只针对泥沙模块，因此模型水流模块计算结果不变，故改进研究中不再列出，仅展示泥沙的计算结果。其中，SC 为计算输沙率，eS 为输沙率相对误差，$DC(SC)$ 为输沙率确定性系数，$\Delta|eS|$ 为改进后模型计算输沙率相对误差与原模型计算输沙率相对误差的绝对值之差，$\Delta DC(SC)$ 为改进后模型计算输沙率确定性系数相较于原模型计算输沙率确定性系数的变化量。

表 3.8　　岔巴沟流域时变植被参数结构改进模拟结果表

洪号	SC/(kg/s)	eS/%	$DC(SC)$	$\Delta\|eS\|$	$\Delta DC(SC)$
319600705	915	−16.97	0.548	−22.05	−0.036
319600711	359	−16.51	0.455	12.09	0.182
319600719	939	−19.74	0.419	1.97	0.395
319600727	464	26.09	0.646	17.39	0.127
319610730	24251	121.19	0.524	−1010.28	73.249
319610813	1696	16.56	0.281	3.02	−0.247
319610926	2989	−0.20	0.366	−22.30	0.015
319620723	2251	26.89	−2.364	−56.71	−1.584
319620801	801	4.03	0.085	−24.16	−0.401
319620811	1802	−20.76	0.531	19.70	0.156
319630706	585	0.52	0.321	−21.13	0.014
319630826	27890	115.70	0.208	−1021.34	81.762
319630828	2454	−25.43	0.499	17.44	0.115
319640705	4563	−24.15	0.397	−11.70	−0.142
319640714	1662	−24.73	0.803	−4.03	0.094

续表

洪号	$SC/(\text{kg/s})$	$eS/\%$	$DC(SC)$	$\Delta|eS|$	$\Delta DC(SC)$
319640911	1450	6.30	0.126	−13.56	−0.204
319640917	602	−27.03	0.273	−21.94	0.049
319660627	9497	21.57	−0.439	−50.79	1.245
319660717	71260	151.67	0.515	−542.01	65.159
319660809	988	−47.45	0.075	3.46	−0.221
319660815	60109	198.32	0.693	−332.21	21.021
319680813	2575	−13.74	0.893	−28.57	0.412
319700718	1062	−25.53	0.180	−18.37	−0.060
319700731	37058	98.53	0.667	−245.04	19.875
319700807	4723	4.26	0.492	−282.41	7.935
319700827	9034	47.74	0.396	−493.51	23.094
319710723	5732	9.14	0.607	−482.20	57.647
319720719	5608	15.77	0.467	−263.75	8.073
319720731	710	−18.67	0.554	−5.38	0.213
319730630	1455	−29.23	0.430	−3.79	0.053
319730717	2560	13.58	0.613	−25.33	0.149
319730815	711	−31.90	0.065	15.33	−0.284
319730908	1238	−28.11	0.545	1.51	0.092
319730911	1206	−28.72	0.500	5.56	−0.027
319740731	8165	9.11	0.435	7.52	0.099
319770805	1019	−8.36	0.393	−15.65	0.078
319770811	5112	10.82	0.755	−26.84	0.457
319780726	3217	26.40	0.451	−234.03	8.893
319780807	16214	49.40	−1.691	−430.56	79.620
319780829	1963	13.67	0.674	8.69	−0.037
319780911	980	19.80	0.645	−38.51	0.268
319790723	788	−23.86	0.453	−9.95	−0.040
319800718	446	18.30	0.452	12.73	−0.028
319810707	1937	−21.90	0.744	8.27	0.016
319820708	535	17.58	0.683	−26.81	0.110
319820730	2267	26.30	0.497	6.41	0.042
319830726	4857	3.74	0.737	−539.19	43.420
319830904	1264	−28.39	0.357	12.97	−0.242

续表

洪号	SC/(kg/s)	eS/%	$DC(SC)$	$\Delta\|eS\|$	$\Delta DC(SC)$
319850619	357	41.11	0.669	3.56	−0.037
319850812	853	−18.53	0.495	14.33	−0.356
319860703	635	−4.94	0.494	−3.89	−0.028
319860721	421	−1.17	0.432	−6.81	0.039
319870826	6181	38.99	0.745	3.37	0.181
319880713	2078	−7.36	0.493	−51.18	0.501
319880715	2636	−12.86	0.229	−8.46	−0.370
319880807	4017	−13.96	0.239	−3.43	−0.258
319890716	5701	0.69	0.654	−41.15	0.500
319890721	316	−28.67	0.545	26.86	0.257
319900704	573	−46.55	0.439	1.68	0.167
319900725	411	−45.05	0.450	2.01	0.213
319900827	598	−28.38	0.496	0.96	0.118
319910607	13084	74.50	0.552	−278.43	8.915
319910610	1955	−8.69	0.792	4.53	0.070
319950826	3474	−2.77	0.618	−40.89	0.448
319950904	887	−41.06	0.313	2.86	−0.202
319970731	437	−54.34	0.411	3.55	0.224
319980712	221	−3.49	0.551	2.18	0.076
320010818	782	−22.11	0.180	7.57	−0.140
320010818	5055	3.10	0.198	−59.58	0.949
320020705	246	−61.32	−0.244	13.52	−0.023
320050807	882	4.75	0.644	−22.45	0.121
320060507	539	−17.33	0.386	−0.77	0.092
320060730	1657	27.07	0.354	−4.68	−0.314
320060812	1243	20.91	0.397	−185.89	3.191
320060829	2682	8.00	0.412	−10.12	−0.122
320090716	793	8.04	0.345	−29.84	0.008
320090719	1104	29.88	0.700	−34.24	−0.130
320100807	227	249.23	0.493	−67.69	1.881
320120728	2036	71.09	−0.267	−31.60	2.289
320130804	3114	85.69	0.437	−70.00	1.510
均值	5064.475	11.70	0.384	51/80	55/80

分析表 3.8 可知，用式（3.51）～式（3.53）改进模型植被参数结构后，泥沙模拟相对误差在 30% 以内的洪水由 44 场提高至 60 场，相对误差在 30% 以内的场次占比由 55% 提高至 75%，平均输沙率相对误差由 98.85% 减小至 11.70%，计算输沙率平均确定性系数由 -6.002 提高至 0.384。分析逐场次计算结果可以发现，2002 年后输沙率相对误差相较改进前减小，系统偏差得到一定程度的改善。改进后，有 51 场洪水输沙率相对误差减小，55 场洪水的输沙率确定性系数得到提高，证明该改进合理有效。

3.3.3 分段式时变植被参数结构改进

从计算结果可以看出，上述时变植被参数结构从一定程度上改进了系统偏差问题，但并没有完全得到解决，为进一步改善系统偏差的问题，基于以上改进结构，结合流域年输沙量序列的突变分析结果，提出以下分段式植被参数改进结构[198]：

$$CSS_i = \begin{cases} CSS_0, & i \leqslant CP_1 \\ a_1 \cdot CSS_0 \cdot \dfrac{[0.347e^{0.020(i-MCP)}]^b}{BTa}, & CP_1 < i \leqslant CP_2 \\ a_2 \cdot CSS_0 \cdot \dfrac{[0.347e^{0.020(i-MCP)}]^b}{BTa}, & i > CP_2 \end{cases} \quad (3.54)$$

$$ACM_i = \begin{cases} ACM_0, & i \leqslant CP_1 \\ a_1' \cdot ACM_0 \cdot \dfrac{[0.347e^{0.020(i-MCP)}]^b}{BTa}, & CP_1 < i \leqslant CP_2 \\ a_2' \cdot ACM_0 \cdot \dfrac{[0.347e^{0.020(i-MCP)}]^b}{BTa}, & i > CP_2 \end{cases} \quad (3.55)$$

$$BTa = \sum_{i=k}^{k+n-1} \dfrac{[0.347e^{0.020(i-MCP)}]^b}{n} \quad (3.56)$$

式中：MCP 为流域 NDVI 序列的主突变点，即突变强度最大的点（对于无定河流域，$MCP = 2002$）；CP_1 和 CP_2 为流域年输沙量序列的突变点（对于无定河流域，年输沙量序列存在两个突变点，分别为 1971 年和 2002 年，因此 $CP_1 = 1971$，$CP_2 = 2002$）；i 为具体年份；k 为资料起始年份；n 为资料总年数；b 为常参数，$-2 < b < -1$，对于岔巴沟流域，率定结果为 $b = -1.3$；a_1、a_2、a_1'、a_2' 均为常参数，取值范围为 $0 \sim 10$，对于岔巴沟流域，率定结果为 $a_1 = 1.45$，$a_2 = 0.28$，$a_1' = 1.58$，$a_2' = 0.22$。

3.3.4 分段式时变植被参数改进应用检验

将利用式（3.54）～式（3.56）改进后的模型运用到岔巴沟流域进行应用检验，模拟结果见表 3.9。表格中各项参数物理意义同前。

表 3.9　　岔巴沟流域分段式时变植被参数结构改进模拟结果表

洪号	$SC/(kg/s)$	$eS/\%$	$DC(SC)$	$\Delta\|eS\|$	$\Delta DC(SC)$
319600705	828	−24.86	0.564	−14.16	−0.020
319600711	425	−1.16	0.609	−3.26	0.336
319600719	1058	−9.57	0.580	−8.21	0.556
319600727	448	21.74	0.633	13.04	0.114
319610730	14011	27.79	−0.751	−1103.68	71.974
319610813	1707	17.32	0.578	3.78	0.050
319610926	3210	7.18	0.790	−15.33	0.439
319620723	5014	99.60	0.484	16.01	1.264
319620801	1057	37.27	0.484	9.09	−0.002
319620811	1776	−21.90	0.549	20.84	0.174
319630706	709	21.82	0.378	0.17	0.071
319630826	15715	21.54	−0.381	−1115.50	81.173
319630828	2289	−30.45	0.594	22.46	0.210
319640705	3681	−38.81	0.663	2.96	0.124
319640714	1870	−15.31	0.798	−13.45	0.089
319640911	1600	17.30	0.421	−2.57	0.091
319640917	623	−24.48	0.330	−24.48	0.106
319660627	10077	28.99	0.554	−43.37	2.238
319660717	24879	−12.13	−1.223	−681.54	63.421
319660809	1010	−46.28	0.294	2.29	−0.002
319660815	23858	18.41	−1.920	−512.12	18.408
319680813	3190	6.87	0.933	−35.44	0.452
319700718	1093	−23.35	0.351	−20.55	0.111
319700731	14644	−21.55	−1.785	−322.02	17.423
319700807	3082	−31.96	0.583	−254.70	8.026
319700827	4646	−24.02	−0.032	−517.22	22.666
319710723	6153	17.16	0.753	−474.18	57.793
319720719	4967	2.54	0.389	−276.98	7.995
319720731	874	0.11	0.487	−23.94	0.146
319730630	1723	−16.20	0.383	−16.83	0.006

续表

洪号	$SC/(\text{kg/s})$	$eS/\%$	$DC(SC)$	$\Delta|eS|$	$\Delta DC(SC)$
319730717	1754	−22.18	0.560	−16.73	0.096
319730815	922	−11.69	0.196	−4.89	−0.153
319730908	1407	−18.29	0.486	−8.30	0.033
319730911	1286	−24.00	0.552	0.83	0.025
319740731	7184	−4.00	0.692	2.41	0.356
319770805	833	−25.09	0.480	1.08	0.165
319770811	3431	−25.62	0.809	−12.03	0.511
319780726	3408	33.91	0.323	−226.52	8.765
319780807	11565	6.56	−1.543	−473.40	79.768
319780829	1553	−10.08	0.770	5.10	0.059
319780911	899	9.90	0.516	−48.41	0.139
319790723	761	−26.47	0.509	−7.34	0.016
319800718	363	−3.71	0.570	−1.86	0.090
319810707	2059	−16.98	0.868	3.35	0.140
319820708	590	29.67	0.725	−14.73	0.152
319820730	1838	2.40	0.545	−17.49	0.090
319830726	4179	−10.74	0.804	−532.19	43.487
319830904	945	−46.46	0.602	31.05	0.003
319850619	322	27.27	0.671	−10.28	−0.035
319850812	797	−23.88	0.708	19.68	−0.143
319860703	512	−23.35	0.619	14.52	0.097
319860721	377	−11.50	0.471	3.52	0.078
319870826	3811	−14.30	0.603	−21.32	0.039
319880713	1188	−47.04	0.654	−11.50	0.662
319880715	1771	−41.45	0.640	20.13	0.041
319880807	2769	−40.69	0.486	23.30	−0.011
319890716	6037	6.62	0.585	−35.22	0.431
319890721	569	28.44	0.365	26.64	0.077
319900704	902	−15.86	0.208	−29.01	−0.064
319900725	698	−6.68	0.669	−36.36	0.432
319900827	922	10.42	0.423	−17.01	0.045
319910607	6363	−15.14	0.391	−337.80	8.754
319910610	2505	17.00	0.826	12.84	0.104
319950826	2912	−18.50	0.705	−25.16	0.535

续表

洪号	$SC/(kg/s)$	$eS/\%$	$DC(SC)$	$\Delta|eS|$	$\Delta DC(SC)$
319950904	997	−33.75	0.463	−4.45	−0.052
319970731	762	−20.38	0.595	−30.41	0.408
319980712	286	24.89	0.548	23.58	0.073
320010818	905	−9.86	0.299	−4.68	−0.021
320010818	2252	−54.07	0.184	−8.61	0.935
320020705	268	−57.86	−0.215	10.06	0.006
320050807	883	4.87	0.671	−22.33	0.148
320060507	542	−16.87	0.587	−1.23	0.293
320060730	1540	18.10	0.770	−13.65	0.102
320060812	855	−16.83	0.441	−189.98	3.235
320060829	2682	−21.51	0.537	3.39	0.003
320090716	658	−10.35	0.438	−27.52	0.101
320090719	941	10.71	0.833	−53.41	0.003
320100807	80	23.08	0.535	−293.85	1.923
320120728	1696	42.52	0.017	−60.17	2.573
320130804	1016	−6.79	0.530	−248.90	1.503
均值	3125.15	−5.65	0.397	55/80	70/80

分析表 3.9 可知，用式（3.54）～式（3.56）改进模型植被参数结构后，相比于原模型模拟结果，平均输沙率相对误差由 98.52% 减小至 −5.65%，输沙率相对误差在 30% 以内的场次数由 44 场提高至 65 场，输沙率相对误差在 30% 以内的场次占比由 55% 提高至 81.25%，计算输沙率平均确定性系数由 −6.002 提高至 0.397。分析逐场次的输沙率相对误差可以发现，原模型存在的系统偏差也基本消除。改进后，有 55 场洪水输沙率相对误差减小，70 场洪水的输沙率确定性系数得到提高，证明该改进合理有效。

为了进一步比较分析分段式植被参数结构的合理性和优劣，统计了两种植被改进下模型的逐场次计算结果，见表 3.10。

表 3.10　　岔巴沟流域两种植被改进结构计算结果对比

洪号	$eS_1/\%$	$DC_1(SC)$	$eS_2/\%$	$DC_2(SC)$	$\Delta|eS|$	$\Delta DC(SC)$
319600705	−16.97	0.548	−24.86	0.564	7.89	0.016
319600711	−16.51	0.455	−1.16	0.609	−15.35	0.154
319600719	−19.74	0.419	−9.57	0.580	−10.17	0.161

续表

洪号	$eS_1/\%$	$DC_1(SC)$	$eS_2/\%$	$DC_2(SC)$	$\Delta|eS|$	$\Delta DC(SC)$
319600727	26.09	0.646	21.74	0.633	−4.35	−0.013
319610730	121.19	0.524	27.79	−0.751	−93.40	−1.275
319610813	16.56	0.281	17.32	0.578	0.76	0.297
319610926	−0.20	0.366	7.18	0.790	6.98	0.424
319620723	26.89	−2.364	99.60	0.484	72.71	2.848
319620801	4.03	0.085	37.27	0.484	33.25	0.399
319620811	−20.76	0.531	−21.90	0.549	1.14	0.018
319630706	0.52	0.321	21.82	0.378	21.31	0.057
319630826	115.70	0.208	21.54	−0.381	−94.16	−0.589
319630828	−25.43	0.499	−30.45	0.594	5.01	0.095
319640705	−24.15	0.397	−38.81	0.663	14.66	0.266
319640714	−24.73	0.803	−15.31	0.798	−9.42	−0.005
319640911	6.30	0.126	17.30	0.421	11.00	0.295
319640917	−27.03	0.273	−24.48	0.330	−2.55	0.057
319660627	21.57	−0.439	28.99	0.554	7.42	0.993
319660717	151.67	0.515	−12.13	−1.223	−139.53	−1.738
319660809	−47.45	0.075	−46.28	0.294	−1.17	0.219
319660815	198.32	0.693	18.41	−1.920	−179.91	−2.613
319680813	−13.74	0.933	6.87	0.882	−6.87	−0.051
319700718	−25.53	0.180	−23.35	0.351	−2.17	0.171
319700731	98.53	0.667	−21.55	−1.785	−76.98	−2.452
319700807	4.26	0.492	−31.96	0.583	27.70	0.091
319700827	47.74	0.396	−24.02	−0.032	−23.71	−0.428
319710723	9.14	0.607	17.16	0.753	8.02	0.146
319720719	15.77	0.467	2.54	0.389	−13.23	−0.078
319720731	−18.67	0.554	0.11	0.487	−18.56	−0.067
319730630	−29.23	0.430	−16.20	0.383	−13.04	−0.047
319730717	13.58	0.613	−22.18	0.560	8.61	−0.053
319730815	−31.90	0.065	−11.69	0.196	−20.21	0.131
319730908	−28.11	0.545	−18.29	0.486	−9.81	−0.059
319730911	−28.72	0.500	−24.00	0.552	−4.73	0.052
319740731	9.11	0.435	−4.00	0.692	−5.12	0.257

续表

洪号	$eS_1/\%$	$DC_1(SC)$	$eS_2/\%$	$DC_2(SC)$	$\Delta|eS|$	$\Delta DC(SC)$
319770805	−8.36	0.393	−25.09	0.480	16.73	0.087
319770811	10.82	0.755	−25.62	0.809	14.81	0.054
319780726	26.40	0.451	33.91	0.323	7.50	−0.128
319780807	49.40	−1.691	6.56	−1.543	−42.84	0.148
319780829	13.67	0.674	−10.08	0.770	−3.59	0.096
319780911	19.80	0.645	9.90	0.516	−9.90	−0.129
319790723	−23.86	0.453	−26.47	0.509	2.61	0.056
319800718	18.30	0.452	−3.71	0.570	−14.59	0.118
319810707	−21.90	0.744	−16.98	0.868	−4.92	0.124
319820708	17.58	0.683	29.67	0.725	12.09	0.042
319820730	26.30	0.497	2.40	0.545	−23.90	0.048
319830726	3.74	0.737	−10.74	0.804	7.01	0.067
319830904	−28.39	0.357	−46.46	0.602	18.07	0.245
319850619	41.11	0.669	27.27	0.671	−13.83	0.002
319850812	−18.53	0.495	−23.88	0.708	5.35	0.213
319860703	−4.94	0.494	−23.35	0.619	18.41	0.125
319860721	−1.17	0.432	−11.50	0.471	10.33	0.039
319870826	38.99	0.745	−14.30	0.603	−24.69	−0.142
319880713	−7.36	0.493	−47.04	0.654	39.68	0.161
319880715	−12.86	0.229	−41.45	0.640	28.60	0.411
319880807	−13.96	0.239	−40.69	0.486	26.73	0.247
319890716	0.69	0.654	6.62	0.585	5.93	−0.069
319890721	−28.67	0.545	28.44	0.365	−0.23	−0.180
319900704	−46.55	0.439	−15.86	0.208	−30.69	−0.231
319900725	−45.05	0.450	−6.68	0.669	−38.37	0.219
319900827	−28.38	0.496	10.42	0.423	−17.96	−0.073
319910607	74.50	0.552	−15.14	0.391	−59.36	−0.161
319910610	−8.69	0.792	17.00	0.826	8.31	0.034
319950826	−2.77	0.618	−18.50	0.705	15.73	0.087
319950904	−41.06	0.313	−33.75	0.463	−7.31	0.150
319970731	−54.34	0.411	−20.38	0.595	−33.96	0.184

续表

洪号	$eS_1/\%$	$DC_1(SC)$	$eS_2/\%$	$DC_2(SC)$	$\Delta|eS|$	$\Delta DC(SC)$
319980712	−3.49	0.551	24.89	0.548	21.40	−0.003
320010818	−22.11	0.180	−9.86	0.299	−12.25	0.119
320010818	3.10	0.198	−54.07	0.184	50.97	−0.014
320020705	−61.32	−0.244	−57.86	−0.215	−3.46	0.029
320050807	4.75	0.644	4.87	0.671	0.12	0.027
320060507	−17.33	0.386	−16.87	0.587	−0.46	0.201
320060730	27.07	0.354	18.10	0.770	−8.97	0.416
320060812	20.91	0.397	−16.83	0.441	−4.09	0.044
320060829	8.00	0.412	−21.51	0.537	13.51	0.125
320090716	8.04	0.345	−10.35	0.438	2.32	0.093
320090719	29.88	0.700	10.71	0.833	−19.18	0.133
320100807	249.23	0.493	23.08	0.535	−226.15	0.042
320120728	71.09	−0.267	42.52	0.017	−28.57	0.284
320130804	185.69	0.537	−6.79	0.530	−178.90	−0.007
均值	11.70	0.384	−5.65	0.397	45.00	55.00

对比分析两种植被改进方法的模型模拟结果可以发现，相较于第一种植被改进结构，用分段式植被参数结构改进后，平均输沙率相对误差由11.70%进一步减小至−5.65%，输沙率相对误差在30%以内的场次数由60场进一步提高至65场，相应占比由75%进一步提高至81.25%，计算输沙率平均确定性系数由0.384进一步提高至0.397。分析逐场次的输沙率相对误差，后者对系统偏差的改善也明显优于前者。分析逐场次泥沙模拟结果，分段式时变结构改进相较于第一种，有45场洪水输沙率相对误差减小，55场洪水的输沙率确定性系数得到提高。从各项指标看，分段式植被参数结构都具有明显的优越性，相较于第一种植被改进结构更为有效。

点绘两种植被改进方法改进后模型计算输沙率确定性系数关系图，如图3.10所示。

由图可以看出，大部分点都在45°线上方，即对于大部分场次洪水，分段式时变植被参数结构改进计算的输沙率确定性系数均大于第一种时变植被参数结构改进方法，表示分段式时变植被参数结构改进的效果明显优于第一种时变植被参数改进方法，表明分段式参数结构改进是有效的，证明了基于流域NDVI突变分析和年输沙量序列突变分析的分段式植被参数结构的有效性和合理性。模型最后综合改进中也将采用分段式时变植被参数改进结构。

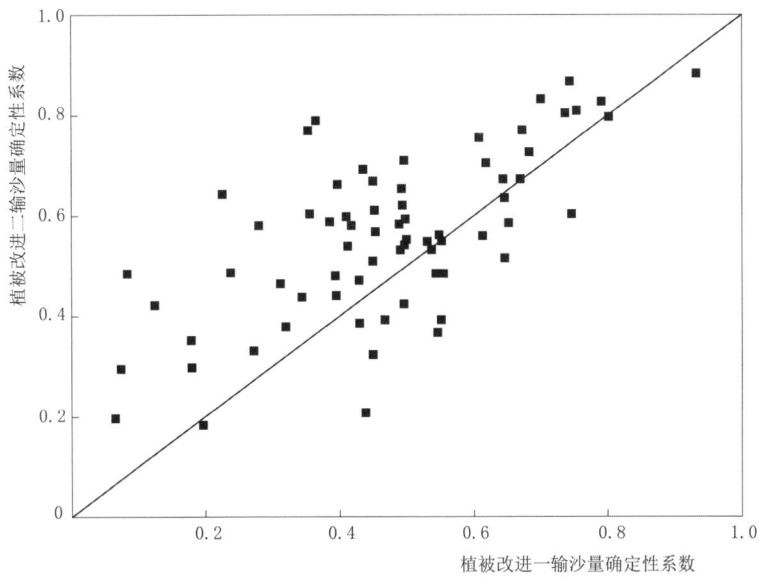

图 3.10 两种植被改进方法输沙率确定性系数对比

3.4 流域抗侵蚀能力曲线改进研究

3.4.1 改进的流域抗侵蚀能力曲线

分析流域抗侵蚀能力分布曲线公式［式（3.17）］可知，影响流域抗侵蚀能力的两个参数主要为坡面最大抗侵蚀能力 $REMM$ 和抗侵蚀能力分布曲线指数 BS，由于抗侵蚀能力分布曲线指数 BS 为不敏感参数，因此，对参数 BS 进行结构改进意义不大。采用与植被参数结构改进类似的改进思路，在本小节中，同样也采用指数函数结构改进坡面最大抗侵蚀能力参数 $REMM$，结合植被覆盖度 NDVI 序列的突变特点，提出如下改进公式：

$$REMM_i = REMM_0 e^{i-MCP} \tag{3.57}$$

式中：i 为年份；MCP 为应用流域 NDVI 序列的主突变点。在岔巴沟流域的计算中，取无定河流域 NDVI 序列的突变点，为 2002 年。

3.4.2 流域抗侵蚀能力曲线改进应用检验

将利用式（3.57）改进流域抗侵蚀能力曲线后的模型运用到岔巴沟流域进行应用检验，模拟结果见表 3.11。表格中各项参数物理意义同前。

表 3.11　　　　　岔巴沟流域抗侵蚀能力曲线改进计算结果表

洪　号	SC/(kg/s)	eS/%	$DC(SC)$	$\Delta|eS|$	$\Delta DC(SC)$
319600705	829	−24.77	0.549	−14.25	−0.035
319600711	425	−1.16	0.455	−3.26	0.182
319600719	1059	−9.49	0.416	−8.29	0.392
319600727	448	21.74	0.647	40.22	0.128
319610730	13864	26.45	0.492	−1105.02	73.217
319610813	1709	17.46	0.284	3.92	−0.244
319610926	3210	7.18	0.365	−15.33	0.014
319620723	5020	99.84	−2.367	16.24	−1.587
319620801	1057	37.27	0.087	9.09	−0.399
319620811	1777	−21.86	0.529	20.80	0.154
319630706	709	21.82	0.321	0.17	0.014
319630826	15233	17.81	0.178	−1119.23	81.732
319630828	2585	−21.45	0.493	22.58	0.109
319640705	5664	−5.85	0.389	3.24	−0.150
319640714	1872	−15.22	0.804	−13.54	0.095
319640911	1598	17.16	0.122	−2.71	−0.208
319640917	623	−24.48	0.273	−24.48	0.049
319660627	10040	28.52	−0.424	−43.84	1.260
319660717	23659	−16.44	0.456	−677.23	65.100
319660809	1018	−45.85	0.086	1.86	−0.210
319660815	21625	7.33	0.657	−523.20	20.985
319680813	3200	7.20	0.882	−12.93	0.401
319700718	1091	−23.49	0.178	−20.41	−0.062
319700731	14498	−22.33	0.629	−321.24	19.837
319700807	3080	−32.01	0.486	−254.66	7.929
319700827	4500	−26.41	0.354	−514.83	23.052
319710723	6125	16.62	0.607	−474.71	57.647
319720719	4845	0.02	0.456	−279.50	8.062
319720731	874	0.11	0.553	−23.94	0.212
319730630	1731	−15.81	0.436	−17.22	0.059

续表

洪 号	$SC/(kg/s)$	$eS/\%$	$DC(SC)$	$\Delta|eS|$	$\Delta DC(SC)$
319730717	1749	−22.40	0.610	−16.50	0.146
319730815	926	−11.30	0.071	−5.27	−0.278
319730908	1006	−41.58	0.544	14.98	0.091
319730911	1287	−23.94	0.500	0.77	−0.027
319740731	7258	−3.01	0.444	1.42	0.108
319770805	1421	27.79	0.469	3.78	0.154
319770811	5707	23.72	0.792	−13.94	0.494
319780726	7590	198.23	−1.584	−62.20	6.858
319780807	19696	81.48	−8.030	−398.48	73.281
319780829	1673	−3.13	0.656	49.80	−0.055
319780911	1551	89.61	0.296	31.30	−0.081
319790723	1102	6.47	0.541	−27.34	0.048
319800718	644	70.82	0.345	65.25	−0.135
319810707	2590	4.44	0.876	−9.19	0.148
319820708	1071	135.38	0.453	90.99	−0.120
319820730	2139	19.16	0.540	66.13	0.085
319830726	5724	22.26	0.568	−520.67	43.251
319830904	1712	−3.00	0.493	−12.41	−0.106
319850619	608	140.32	0.035	102.77	−0.671
319850812	1306	24.74	0.262	20.53	−0.589
319860703	773	15.72	0.576	36.83	0.054
319860721	621	45.77	0.451	61.27	0.058
319870826	7247	62.96	−0.869	27.34	−1.433
319880713	2171	−3.21	0.686	−55.33	0.694
319880715	3366	11.27	0.052	−10.05	−0.547
319880807	5263	12.72	0.111	−4.67	−0.386
319890716	5087	−10.16	0.613	−31.68	0.459
319890721	480	8.35	0.520	6.55	0.232
319900704	793	−26.03	0.398	−18.84	0.126
319900725	611	−18.32	0.410	−24.73	0.173

续表

洪　号	$SC/(\text{kg/s})$	$eS/\%$	$DC(SC)$	$\Delta|eS|$	$\Delta DC(SC)$
319900827	810	−2.99	0.473	−24.43	0.095
319910607	5978	−20.27	0.526	−332.66	8.889
319910610	2286	6.77	0.806	2.62	0.084
319950826	3053	−14.55	0.620	−29.11	0.450
319950904	1061	−29.50	0.337	−8.70	−0.178
319970731	643	−32.81	0.509	−17.97	0.322
319980712	377	64.63	0.393	63.32	−0.082
320010818	1202	19.72	0.079	5.18	−0.241
320010818	2765	−43.61	0.243	−19.07	0.994
320020705	365	−42.61	−0.133	−5.19	0.088
320050807	1058	25.65	0.537	34.09	0.014
320060507	867	32.98	0.469	14.88	0.175
320060730	2472	89.57	−0.030	57.82	−0.698
320060812	1329	29.28	0.441	−177.53	3.235
320060829	4171	22.07	0.442	3.95	−0.092
320090716	1168	59.13	0.421	21.25	0.084
320090719	1263	48.59	0.789	−15.53	−0.041
320100807	239	267.69	−0.961	−49.23	0.427
320120728	2215	86.13	−1.366	−16.55	1.190
320130804	3616	231.74	−0.934	−23.94	0.039
均值	3551	20.66	0.187	48/80	54/80

分析表3.11可知，用式（3.57）改进模型流域抗侵蚀能力曲线后，次洪输沙率相对误差在30%以内的场次数由44场提高至56场，相应占比由55%提高至70%，平均输沙率相对误差由98.85%减小至20.66%，计算输沙率平均确定性系数由−6.002提高至0.187。2002年后输沙率相对误差相较改进前减小，证明通过这一改进，模型系统偏差也能得到一定程度的改善。改进后，有48场洪水输沙率相对误差减小，54场洪水的输沙率确定性系数得到提高。

3.5　水沙模拟误差系统微分响应修正方法研究

流域泥沙，是由水流的侵蚀作用引起的土壤侵蚀，再通过水流搬运输送泥沙到达流域出口断面。由于水沙模型结构中，水流模块计算的结果是泥沙模块的输入项，水流计算的精度直接影响了泥沙计算精度。因此，为减小水流计算误差对泥沙模块的影响，本书采用系统微分响应曲线方法[199-204]对水流模块计算产流量进行误差修正，以减小水流和泥沙模拟误差。

3.5.1 产流误差系统微分响应修正方法

将水流模块中除垂向混合产流以外的部分概化为一个系统，如图 3.11 所示。

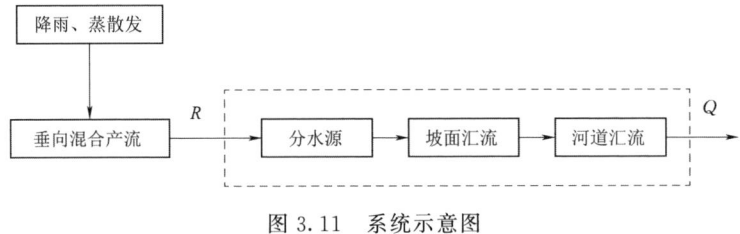

图 3.11 系统示意图

图中 R 为产流量，Q 为流域出口断面的流量过程，则上述系统的响应函数可用以下函数表示：

$$Q(t)=Q[X(t), \theta, t] \tag{3.58}$$

式中：$X(t)$ 为模型变量（包括输入变量、模型的中间状态变量）；θ 为模型参数；t 为时间。

式（3.58）中每个参数和变量的改变都会影响流域出口断面的流量过程 $Q(t)$，本书中考虑由于产流量 R 的变化引起的系统响应，所以式（3.58）可以表达为

$$Q(t)=Q(R, \theta, t) \tag{3.59}$$

式中：R 为产流量系列，$R=[r_1, r_2, \cdots, r_n]^T$。

式（3.59）的微分表达式为

$$dQ(R, \theta, t)=\frac{\partial Q}{\partial R}\bigg|_{R=R_C} dR \tag{3.60}$$

式中：R 为计算得到的产流量初始值，$R_C=[r_{C1}, r_{C2}, \cdots, r_{Cn}]^T$；$Q(R, \theta, t)$ 为实测流量过程。

$$dQ=\frac{\partial Q(R, \theta, t)}{\partial r_1}\bigg|_{R=R_C}\Delta r_1+\frac{\partial Q(R, \theta, t)}{\partial r_2}\bigg|_{R=R_C}\Delta r_2$$
$$+\cdots+\frac{\partial Q(R, \theta, t)}{\partial r_n}\bigg|_{R=R_C}\Delta r_n \tag{3.61}$$

假设样本长度为 L，$Q(t)=[Q_1, Q_2, \cdots, Q_L]^T$。代入式（3.61）可得

$$\begin{cases} Q(R, \theta, 1) \approx Q(R_C, \theta, 1) + \dfrac{\partial Q(R_C, \theta, 1)}{\partial r_1}\bigg|_{R=R_C} \Delta r_1 \\ \qquad + \dfrac{\partial Q(R_C, \theta, 1)}{\partial r_2}\bigg|_{R=R_C} \Delta r_2 + \cdots + \dfrac{\partial Q(R_C, \theta, 1)}{\partial r_n}\bigg|_{R=R_C} \Delta r_n \\ Q(R, \theta, 2) \approx Q(R_C, \theta, 2) + \dfrac{\partial Q(R_C, \theta, 2)}{\partial r_1}\bigg|_{R=R_C} \Delta r_1 \\ \qquad + \dfrac{\partial Q(R_C, \theta, 2)}{\partial r_2}\bigg|_{R=R_C} \Delta r_2 + \cdots + \dfrac{\partial Q(R_C, \theta, 2)}{\partial r_n}\bigg|_{R=R_C} \Delta r_n \\ \qquad \vdots \\ Q(R, \theta, L) \approx Q(R_C, \theta, L) + \dfrac{\partial Q(R_C, \theta, L)}{\partial r_1}\bigg|_{R=R_C} \Delta r_1 \\ \qquad + \dfrac{\partial Q(R_C, \theta, L)}{\partial r_2}\bigg|_{R=R_C} \Delta r_2 + \cdots + \dfrac{\partial Q(R_C, \theta, L)}{\partial r_n}\bigg|_{R=R_C} \Delta r_n \end{cases}$$
(3.62)

式（3.62）的矩阵形式为

$$Q(R, \theta, t) = Q(R_C, \theta, t) + U\Delta R + E \tag{3.63}$$

式中：ΔR 为要求解的产流量的误差量，$\Delta R=[\Delta r_1, \Delta r_2, \cdots, \Delta r_n]^T$；$E$ 为流量观测的随机误差项，$E=[e_1, e_2, \cdots, e_L]^T$，一般是服从零均值分布的白噪声误差序列。

U 矩阵的表达式为

$$U = \begin{bmatrix} \dfrac{\partial Q(R, \theta, 1)}{\partial r_1} & \cdots & \dfrac{\partial Q(R, \theta, 1)}{\partial r_n} \\ \dfrac{\partial Q(R, \theta, 2)}{\partial r_1} & \cdots & \dfrac{\partial Q(R, \theta, 2)}{\partial r_n} \\ \vdots & \vdots & \vdots \\ \dfrac{\partial Q(R, \theta, L)}{\partial r_1} & \cdots & \dfrac{\partial Q(R, \theta, L)}{\partial r_n} \end{bmatrix} \tag{3.64}$$

U 矩阵中的每一项都可以用下式差分近似求解：

$$\dfrac{\partial Q(R, \theta, t)}{\partial r_i} = \dfrac{Q[(r_1, \cdots, r_i+\Delta r_i, \cdots), \theta, t] - Q[(r_1, \cdots, r_i, \cdots), \theta, t]}{\Delta r_i} \tag{3.65}$$

当 $t<i$ 时，$\dfrac{\partial Q(R, \theta, t)}{\partial r_i}=0$

式中：$t=1, \cdots, L$；$i=1, \cdots, n$。

当 i 不变，t 从 $1\sim L$ 变化时，L 项差分值就是 U 矩阵中的一列，也就是产流量 r_i 单位变化量所对应的系统响应系列，即产流量 r_i 所对应的系统响应曲线。

计算系统响应曲线的详细步骤如下：

（1）待修正的产流量系列 R 中，每个时段产流量 $r_i(i=1\sim n)$ 在其余时段产流量 $r_j(j\neq i)$ 均不变的基础上增加 1 个单位的产流量，得到新的产流量系列用 R_i 表示。

（2）用新的产流量系列 R_i 通过模型计算后得到流量过程。

（3）用步骤（2）计算得到的流量过程减去用原产流量系列 R 计算得到的流量过程，所得到的过程线即为产流量 r_i 的系统响应曲线，表示为 $U_i(t)$。U 矩阵中的每一列均用同样方法求得。由式（3.62）可以得到产流量修正量的计算式为

$$\Delta R = (U^\mathrm{T} U)^{-1} U^\mathrm{T} [Q(R,\theta,t) - Q(R_C,\theta,t)] \quad (3.66)$$

修正后的产流量系列为

$$R'_C = R_C + \Delta R \quad (3.67)$$

由式（3.67）计算出修正后的产流量 R'_C。将修正后的产流量系列重新用新安江模型进行计算，即可得到修正的流域出口断面的计算流量过程 Q_U。

3.5.2 水沙模拟误差系统微分响应修正方法应用检验

将水沙模拟误差系统微分响应修正方法应用于岔巴沟流域进行应用检验。改进后模型的水流和泥沙计算结果见表 3.12。表格中各项参数物理意义同前。

表 3.12　岔巴沟流域水沙模拟误差系统微分响应修正方法计算结果表

洪　号	R/mm	RC/mm	eR/%	$DC(QC)$	S/(kg/s)	SC/(kg/s)	eS/%	$DC(SC)$
319600705	1.5	1.5	−0.66	0.872	1102	1230	11.62	0.756
319600711	0.6	0.6	−6.25	0.887	430	324	−24.71	0.575
319600719	1.6	1.6	0.63	0.817	1170	1325	13.29	0.782
319600727	0.8	0.8	−4.76	0.993	368	277	−24.81	0.625
319610730	14.1	14.0	−0.57	0.603	10964	18756	71.07	0.085
319610813	4.2	4.3	2.14	0.981	1455	2598	78.58	−0.385
319610926	7.4	7.4	0.27	0.634	2995	2132	−28.80	0.494
319620723	2.2	2.1	−2.33	0.610	1774	1608	−9.34	0.971
319620801	1.1	1.0	−5.66	0.752	770	882	14.55	0.979
319620811	3.0	3.0	0.33	0.705	2274	2073	−8.82	0.994
319630706	1.3	1.3	−0.76	0.869	582	719	23.61	0.646

续表

洪号	R/mm	RC/mm	eR/%	$DC(QC)$	S/(kg/s)	SC/(kg/s)	eS/%	$DC(SC)$
319630826	12.1	12.1	0.00	0.774	12930	10123	−21.71	0.932
319630828	4.6	4.7	2.17	0.764	3291	3852	17.04	0.950
319640705	9.4	9.5	1.28	0.928	6016	5521	−8.22	0.946
319640714	3.0	3.0	0.00	0.972	2208	1978	−10.43	0.983
319640911	3.0	3.0	−0.33	0.796	1364	1649	20.88	0.709
319640917	1.2	1.2	0.00	0.931	825	701	−15.01	0.926
319660627	10.6	10.5	−1.32	0.829	7812	8752	12.03	0.980
319660717	35.3	34.5	−2.16	0.419	28315	27103	−4.28	0.995
319660809	2.3	2.3	−1.71	0.840	1880	1958	4.15	0.989
319660815	25.7	23.4	−9.06	0.699	20149	19964	−0.92	0.993
319680813	3.7	3.7	−1.07	0.943	2985	2858	−4.25	0.992
319700718	1.8	1.8	−1.10	0.758	1426	1397	−2.02	0.994
319700731	24.6	24.4	−0.77	0.885	18666	19831	6.24	0.991
319700807	6.8	6.8	0.29	0.735	4530	5423	19.71	0.983
319700827	8.5	8.6	1.42	0.753	6115	5259	−14.00	0.993
319710723	7.4	6.4	−13.16	0.876	5252	5827	10.95	0.979
319720719	5.7	5.7	−0.35	0.716	4844	4608	−4.88	0.993
319720731	1.4	1.4	0.00	0.818	873	1008	15.41	0.957
319730630	2.6	2.6	−0.76	0.854	2056	2089	1.60	0.980
319730717	3.5	3.4	−2.02	0.824	2254	2097	−6.95	0.985
319730815	1.5	1.4	−3.45	0.756	1044	1156	10.73	0.993
319730908	2.2	2.2	−0.45	0.815	1722	1712	−0.57	0.983
319730911	3.1	3.1	−0.32	0.901	1692	1908	12.76	0.881
319740731	10.8	10.9	1.02	0.592	7483	8748	16.91	0.993
319770805	2.3	2.1	−9.48	0.603	1112	1393	25.30	0.831
319770811	9.5	9.6	0.63	0.841	4613	4135	−10.37	0.969
319780726	10.5	10.3	−2.00	0.806	2545	2159	−15.17	0.790
319780807	16.8	17.3	3.10	0.413	10853	12020	10.75	0.991
319780829	4.3	4.2	−1.87	0.812	1727	2055	19.00	0.877
319780911	2.1	2.0	−2.91	0.794	818	160	−80.41	−0.279
319790723	1.5	1.4	−4.76	0.789	1035	1085	4.87	0.977
319800718	0.9	0.8	−5.88	0.858	377	703	86.50	0.004

续表

洪号	R/mm	RC/mm	$eR/\%$	$DC(QC)$	$S/(\text{kg/s})$	$SC/(\text{kg/s})$	$eS/\%$	$DC(SC)$
319810707	4.0	4.0	−0.99	0.966	2480	2710	9.27	0.978
319820708	1.7	1.6	−3.61	0.848	455	794	74.50	0.215
319820730	4.9	4.7	−3.29	0.871	1795	1952	8.73	0.919
319830726	6.5	6.4	−1.23	0.931	4682	4519	−3.47	0.974
319830904	3.0	3.0	0.33	0.902	1765	1968	11.50	0.978
319850619	0.6	0.6	−6.25	0.851	253	346	36.90	0.515
319850812	1.9	1.9	−1.04	0.965	1047	886	−15.37	0.738
319860703	1.5	1.5	−2.60	0.894	668	643	−3.71	0.914
319860721	0.8	0.7	−6.67	0.844	426	453	6.37	0.893
319870826	7.9	7.9	0.25	0.934	4447	4223	−5.04	0.956
319880713	3.6	3.5	−2.23	0.791	2243	2456	9.50	0.992
319880715	6.3	6.3	0.80	0.899	3025	2819	−6.80	0.931
319880807	10.7	10.4	−3.17	0.793	4669	4517	−3.25	0.873
319890716	9.4	9.5	1.28	0.856	5662	6289	11.08	0.883
319890721	0.9	0.9	−4.26	0.874	443	503	13.57	0.780
319900704	1.6	1.6	−0.62	0.847	1072	1045	−2.55	0.980
319900725	1.4	1.4	−0.71	0.597	748	909	21.58	0.596
319900827	1.8	1.7	−4.49	0.786	835	978	17.11	0.747
319910607	10.1	10.4	2.67	0.642	7498	6900	−7.98	0.994
319910610	5.4	5.4	0.75	0.983	2141	1251	−41.58	0.377
319950826	7.0	6.2	−11.68	0.794	3573	3817	6.84	0.955
319950904	3.0	3.0	−0.33	0.939	1505	1662	10.42	0.962
319970731	1.6	1.6	−2.44	0.784	957	890	−6.99	0.927
319980712	0.9	0.8	−8.05	0.962	229	439	91.60	0.128
320010818	3.2	3.0	−5.66	0.769	1004	1220	21.55	0.612
320010818	8.9	8.8	−1.57	0.742	4903	4220	−13.93	0.838
320020705	1.2	1.1	−9.84	0.878	636	624	−1.90	0.889
320050807	2.8	2.9	2.11	0.846	842	957	13.71	0.857
320060507	1.5	1.6	3.90	0.654	652	628	−3.74	0.972
320060730	4.9	4.9	−0.41	0.972	1304	1446	10.91	0.931
320060812	3.3	3.4	1.80	0.888	1028	1307	27.10	0.659
320060829	2.6	2.9	13.73	0.904	3417	3873	13.36	0.756

续表

洪　号	R/mm	RC/mm	$eR/\%$	$DC(QC)$	$S/(\text{kg/s})$	$SC/(\text{kg/s})$	$eS/\%$	$DC(SC)$
320090716	2.6	2.4	−5.88	0.710	734	856	16.67	0.892
320090719	3.3	3.3	0.61	0.957	850	1230	44.66	0.455
320100807	0.6	0.6	1.69	0.814	65	101	55.69	0.121
320120728	7.1	6.6	−7.43	0.885	1190	2070	73.98	−0.112
320130804	9.6	8.8	−8.71	0.895	1090	1220	11.93	0.690
均值	5.3	5.2	−1.82	0.809	3288	3425	9.04	0.782

分析表3.12可知，采用系统响应修正方法修正产流后，岔巴沟流域水流模拟精度得到提高，水流模拟合格场次数从原本的77场提高至80场，径流量相对误差在20%以内的场次由原来的96.3%提高至100%，流量平均确定性系数由0.516提高至0.809，极大提高了水流计算的精度。同时，输沙率平均相对误差由98.52%减小至9.04%，输沙率相对误差在30%以内的场次由44场提高至69场，相应的占比由55%提高至75%，计算输沙率平均确定性系数由−6.002提高至0.782。2002年后输沙率相对误差相较改进前减小很多，系统偏差得到很大改善，但2006年后所有场次洪水的输沙率相对误差均为正值，说明系统偏差的问题并未完全消除，在实际应用中需结合植被改进进行考虑。

统计用系统微分响应方法修正产流前后，岔巴沟流域逐场次洪水水沙模拟结果的变化，统计结果见表3.13。$\Delta|eR|$ 和 $\Delta|eS|$ 分别为改进后模型计算径流量/输沙率相对误差与原模型计算径流量/输沙率相对误差的绝对值之差，$\Delta DC(QC)$ 和 $\Delta DC(SC)$ 为改进后模型计算径流量/输沙率确定性系数相较于原模型计径流量/输沙率确定性系数的变化量。

表3.13　系统微分响应修正前后岔巴沟流域水沙模拟误差分析

洪　号	$\Delta|eR|$	$\Delta DC(QC)$	$\Delta|eS|$	$\Delta DC(SC)$
319600705	−10.60	0.140	−18.32	0.172
319600711	−4.69	0.230	20.29	0.302
319600719	−18.24	0.164	−4.49	0.758
319600727	−8.33	0.100	16.11	0.106
319610730	−17.05	0.101	−1060.39	72.810
319610813	0.48	0.544	65.04	−0.913
319610926	−18.43	0.152	6.30	0.143
319620723	−25.58	−0.038	−74.26	1.751
319620801	−0.94	0.283	−13.63	0.493

续表

洪 号	$\Delta\vert eR\vert$	$\Delta DC(QC)$	$\Delta\vert eS\vert$	$\Delta DC(SC)$
319620811	-7.02	0.140	7.76	0.619
319630706	-5.34	0.336	1.96	0.339
319630826	-4.38	0.172	-1115.33	82.486
319630828	-1.52	0.333	9.05	0.566
319640705	-15.57	0.425	-20.98	0.407
319640714	-6.67	0.054	-18.33	0.274
319640911	-6.64	0.469	1.01	0.379
319640917	-5.83	0.413	-33.96	0.702
319660627	-5.83	0.070	-60.34	2.664
319660717	0.03	0.011	-689.40	65.639
319660809	-3.85	0.594	-39.84	0.693
319660815	6.80	0.233	-529.61	21.321
319680813	-35.29	0.471	-38.04	0.511
319700718	-6.04	0.227	-41.88	0.754
319700731	-4.64	0.264	-337.33	20.199
319700807	-6.49	0.259	-266.95	8.426
319700827	-2.12	0.356	-527.24	23.691
319710723	4.34	0.020	-480.39	58.019
319720719	-12.76	0.189	-274.65	8.599
319720731	-16.43	0.077	-8.64	0.616
319730630	-7.25	0.664	-31.42	0.603
319730717	-9.51	0.329	-14.21	0.521
319730815	-2.76	0.675	-5.84	0.644
319730908	-4.52	0.021	-26.02	0.530
319730911	-14.79	0.229	-10.41	0.354
319740731	-9.73	0.281	15.32	0.657
319770805	0.86	0.073	1.29	0.516
319770811	-9.75	0.249	-27.28	0.671
319780726	-7.52	0.494	-245.26	9.232
319780807	-13.53	0.692	-469.21	82.302
319780829	-7.94	0.199	14.02	0.166
319780911	-12.62	0.254	22.10	-0.656

续表

洪 号	$\Delta|eR|$	$\Delta DC(QC)$	$\Delta|eS|$	$\Delta DC(SC)$
319790723	−4.08	0.114	−19.28	0.484
319800718	−2.35	0.421	80.93	−0.476
319810707	−8.91	0.028	−4.36	0.250
319820708	−7.23	0.206	52.08	−0.358
319820730	−5.56	0.397	−11.16	0.464
319830726	−15.12	0.089	−539.46	43.657
319830904	−12.37	0.227	−3.91	0.379
319850619	−1.56	0.088	7.25	−0.191
319850812	−5.73	0.117	11.17	−0.113
319860703	−5.19	0.083	−5.13	0.392
319860721	0.00	0.217	−1.61	0.500
319870826	−19.67	0.511	−23.84	0.392
319880713	−6.70	0.150	−49.04	1.000
319880715	−7.20	0.310	−14.52	0.332
319880807	−5.87	0.381	−14.14	0.376
319890716	−9.81	0.264	−30.76	0.729
319890721	−1.06	0.147	11.77	0.492
319900704	−3.73	0.281	−23.67	0.708
319900725	−4.26	0.141	−21.47	0.359
319900827	0.56	0.153	−10.31	0.369
319910607	−3.26	0.195	−344.95	9.357
319910610	−3.92	0.138	37.43	−0.345
319950826	4.56	0.175	−36.82	0.785
319950904	−1.00	0.212	−27.78	0.447
319970731	−1.83	0.037	−43.80	0.740
319980712	−14.94	0.487	90.29	−0.347
320010818	1.89	0.349	7.01	0.292
320010818	−6.94	0.391	−48.74	1.589
320020705	−0.82	0.837	−45.90	1.110
320050807	−4.23	0.090	−13.49	0.334
320060507	−9.09	0.360	−14.36	0.678

续表

洪 号	$\Delta|eR|$	$\Delta DC(QC)$	$\Delta|eS|$	$\Delta DC(SC)$
320060730	−1.02	0.382	−20.84	0.263
320060812	−3.89	0.481	−179.71	3.453
320060829	4.31	0.592	−4.76	0.222
320090716	−0.39	0.398	−21.20	0.555
320090719	−6.71	0.292	−19.46	−0.375
320100807	−16.95	0.320	−261.23	1.509
320120728	−2.38	2.130	−28.71	2.444
320130804	−3.01	0.688	−234.61	1.663
精度提高场次占比	70/80	79/80	60/80	71/80

分析表 3.13 可以发现，采用系统响应修正方法修正产流后，相较于原模型模拟结果，岔巴沟流域 80 场洪水中，有 70 场洪水计算径流量相对误差减小，79 场洪水流量确定性系数得到提高。再对比分析泥沙过程的计算结果，有 60 场洪水计算输沙率相对误差减小，71 场洪水输沙率确定性系数得到提高，证明系统微分响应修正方法能大大提高水流模块的计算精度，减小了水流模块计算误差对产沙计算的影响，从而也大幅提高了泥沙模块的计算精度。

3.6 不同改进结构对比分析

统计以上四种改进方法在岔巴沟流域的应用结果，见表 3.14。分析表 3.14 可知，四种方法均能提高原模型输沙率的计算精度。改进前，所有次洪计算的平均输沙率相对误差为 98.2%，四种方法改进后，模型计算的平均输沙率相对误差均明显减小，由原本的 98.52% 分别减小至 11.7%、−5.65%、20.66% 和 9.04%，均减小至 30% 以内；原模型计算输沙率的平均确定性系数为 −6.002，四种改进方法改进后流域平均确定性系数分别提高至 0.384、0.397、0.187 和 0.782；输沙率模拟相对误差在 30% 以内的比例由原来的 55% 分别提高至 75%、81.25%、70% 和 91.25%；输沙率相对误差减小的次洪场次占比分别 63.75%、68.75%、60% 和 76.25%；$DC(SC)$ 增大场次占比分别 68.75%、87.5%、67.5% 和 92.5%。

分析以上四组数据可以发现，四种改进方法中，系统微分响应修正方法对模型的改进效果最好，改进后平均确定性系数、输沙率相对误差在 30% 以内的洪水场次占比、输沙率相对误差减小的场次占比和确定性系数提高的场次占比均高于其他三种方法，植被改进效果其次。流域抗侵蚀能力曲线改进效果相对最差,对模型计算系统偏差的问题改善也没有另外三种改进方法成效显著。

表 3.14　　　　　四种改进方法在岔巴沟流域的改进效果统计

对比项	$eS/\%$	$DC(SC)$	$eS<30\%$场次占比/%	eS 减小场次占比/%	$DC(SC)$ 增大场次占比/%
原模型	98.52	−6.002	55	/	/
时变植被参数结构	11.7	0.384	75	63.75	68.75
分段式时变植被参数结构	−5.65	0.397	81.25	68.75	87.5
流域抗侵蚀能力曲线改进	20.66	0.187	70	60	67.5
系统微分响应修正	9.04	0.782	91.25	76.25	92.5

点绘各单项改进与原模型计算的输沙率确定性系数关系如图 3.12 所示,分析图 3.12 可以发现,四种改进都在不同程度上提高了模型输沙率计算精度,系统微分响应修正方法能明显提高各场次洪水的输沙率确定性系数,其次是分段式时变植被参数结构改进,流域抗侵蚀能力参数 $REMM$ 改进的效果相比于其他方法没那么显著。

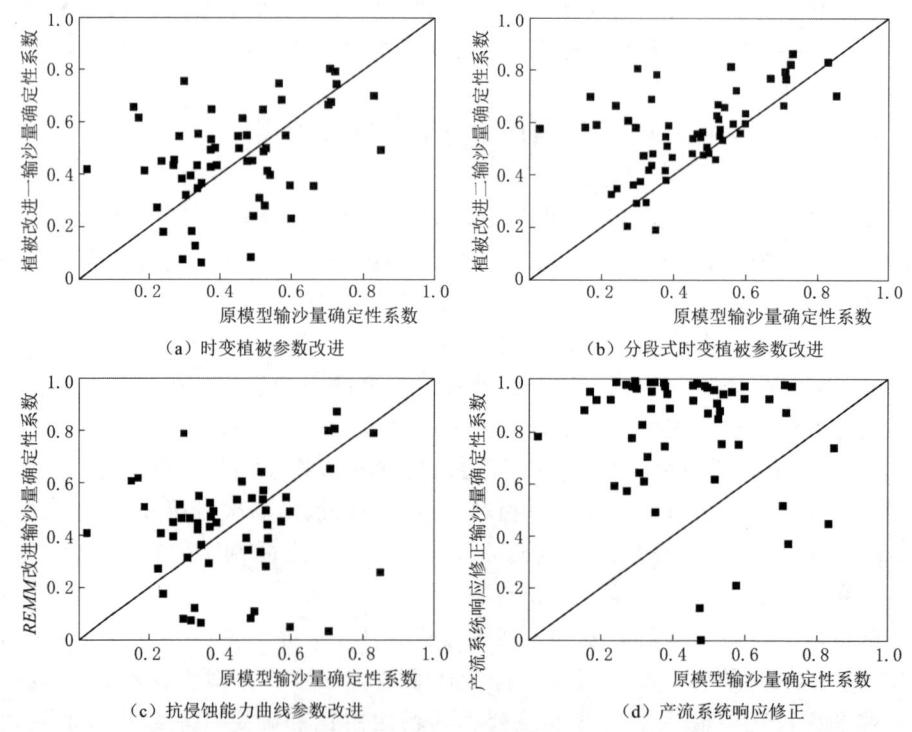

图 3.12　岔巴沟流域各单项改进与原模型输沙率确定性系数对比图

选取岔巴沟流域突变年份前后各一场洪水319680813次和320130804次作为典型洪水展示几种不同改进方法前后模型计算水沙过程，分别如图3.13和图3.14所示。由于两种植被改进和流域抗侵蚀能力改进都是只改进了泥沙模块，不涉及水流计算，因此，这三种改进结构只展示泥沙计算过程。水沙模拟误差系统微分响应修正方法既修正了水流计算，同时也减小了水流计算误差对泥沙计算的影响，提高了泥沙计算的精度，因此水流计算过程对比图中仅展示了系统响应修正前后水流的计算过程。

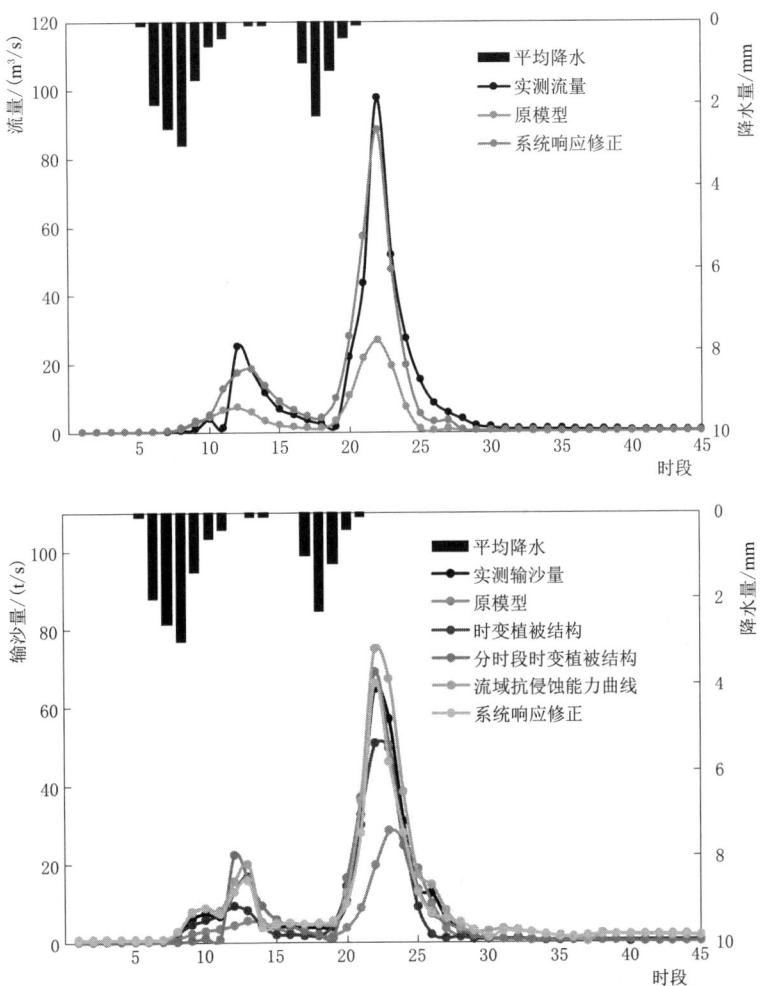

图3.13 岔巴沟流域319680813号洪水各方法改进前后水沙计算过程

分析图3.13可知，对于岔巴沟流域319680813次洪水，原模型计算的水流和泥沙过程均偏小很多。经过产流误差系统微分响应修正后，产流量相对误差由原本的-35.14%减小到-1.07%,确定性系数由 0.472 增加到 0.943,水流过程模拟精度大大提高。而对于泥沙过程,四种改进方法均使得输沙率相对误差得到减小,原模型计算的输沙率相对误差为-42.31%,四种方法改进后,模型泥沙计算精度均得到提高,输沙率相对误差分别减小至-13.74%、6.87%、7.20%和-4.25%,确定性系数由原模型的 0.281 分别提高至 0.893、0.933、0.882 和 0.992,由输沙率模拟过程线也可以看出,系统响应修正和分时段时变植被参数结构改进计算的输沙率过程最贴近实测输沙率过程,这两种改进方法的模拟效果相对最好,流域抗侵蚀能力曲线改进模拟效果次之。

分析图 3.14 可知,对于岔巴沟流域 320130804 次洪水,原模型计算的水流

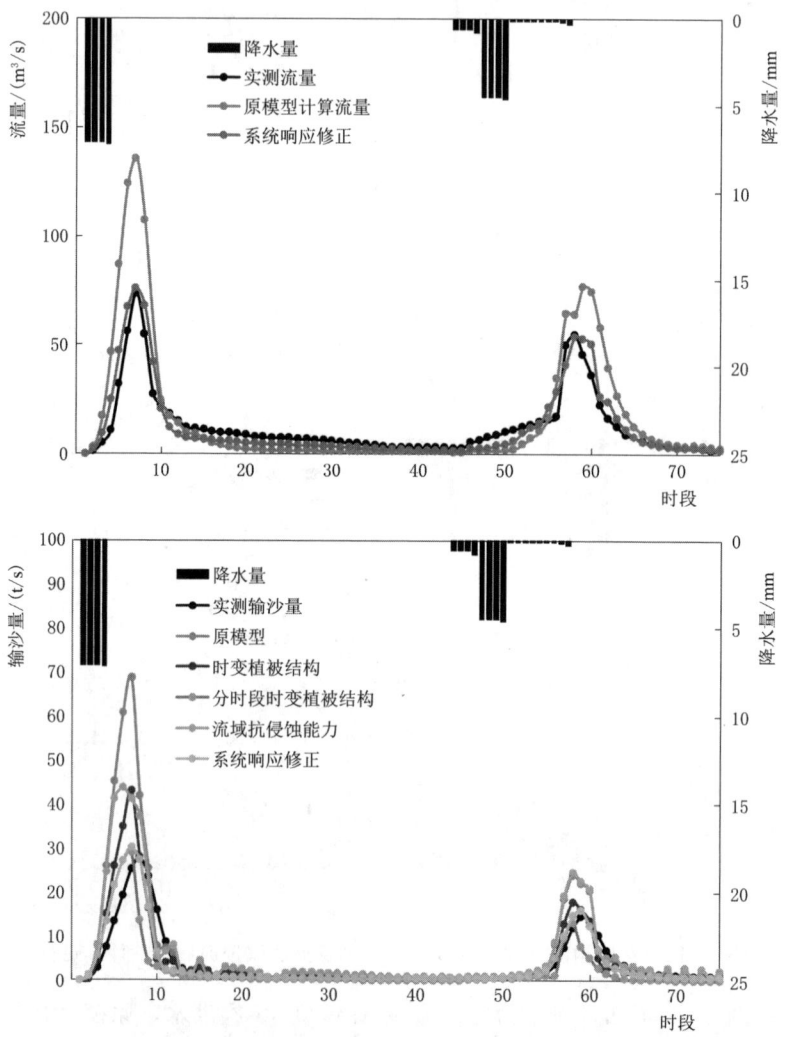

图 3.14 岔巴沟流域 320130804 号洪水各方法改进前后水沙计算过程

和泥沙过程均偏大很多,这是由于植被覆盖度等下垫面情况改变后,流域产水产沙锐减,原模型静态参数结构导致计算的产沙量偏大。对于水流计算过程,经过产流误差系统微分响应修正后,产流量相对误差由原本的 16.67% 减小到 -8.71%,确定性系数由 0.207 增加到 0.895,水流过程模拟精度大大提高。而对于泥沙过程,四种改进方法均使得输沙率相对误差得到减小,原模型计算的输沙率与实测输沙率相比严重偏大,输沙率相对误差为 255.69%,四种方法改进后,模型泥沙计算精度均得到提高,输沙率相对误差分别减小至 185.69%、-6.79%、231.74% 和 11.93%,输沙率确定性系数由原模型的 -0.973 分别提高至 0.437、0.530、0.034 和 0.690,由输沙率模拟过程线也可以看出,系统响应修正和分时段时变植被参数结构改进计算的输沙率过程最贴近实测输沙率过程,这两种改进方法的模拟效果相对最好,流域抗侵蚀能力曲线改进和第一种时变植被参数结构改进对模型模拟精度有一定的提高,但相较于前两种模拟效果略差。

3.7 本章小结

本章在第 2 章水沙变化极其影响因素分析的基础上,结合黄土特性和黄土地区独有的地貌特点,对包为民提出的水沙耦合物理概念模型进行改进研究。从植被参数、流域抗侵蚀能力曲线和产流误差系统微分响应修正三个方面改进了水沙模型,并将每项改进应用于岔巴沟流域进行应用检验和改进效果对比分析。

本章取得的主要创新性成果如下。

(1) 基于对流域 NDVI 数据的突变分析,构建 NDVI 数据与年份之间的函数关系,采用此函数关系构建时变的植被参数结构,改进原模型的静态参数,使模型泥沙模拟精度得到提高,平均输沙率相对误差由 98.52% 减小至 11.7%,输沙率相对误差小于 30% 场次占比由 55% 提高至 75%,模型泥沙计算系统偏差得到一定程度的改善。在此基础上,作者又结合流域年输沙量序列突变分析结果,构建了分段式时变植被参数结构,使模型模拟精度进一步提高,平均输沙率相对误差进一步减小至 -5.65%,输沙率相对误差小于 30% 场次占比进一步提高至 81.25%,且分段式时变植被参数结构可基本消除由于流域植被覆盖度突然增加导致的模型系统偏差。

(2) 采用指数结构改进流域抗侵蚀能力曲线中的敏感参数坡面最大抗侵蚀能力 $REMM$,计算结果表明,该项改进能有效减小模型泥沙模拟误差,使模型计算输沙率相对误差由 98.52% 减小至 20.66%,输沙率相对误差在 30% 以内的比例由 55% 提高至 70%,同时也在一定程度上减小了原模型的系统偏差。

(3) 采用系统微分响应修正方法对模型计算产流量进行误差反演修正，提高了水流模块模拟精度，同时减小水流计算误差对泥沙模块的影响。岔巴沟流域的应用结果表明，采用系统微分响应修正方法修正产流误差之后，径流量相对误差在20%以内的场次占比由原来的96.3%提高至100%，流量平均确定性系数由0.516提高至0.809，极大提高了水流计算的精度；输沙率平均相对误差由98.52%减小至9.04%，输沙率模拟相对误差在30%以内的比例由55%提高至91.25%，计算输沙率平均确定性系数由－6.002提高至0.782。证明系统响应反演修正方法能大大提高水沙模型模拟精度。

第4章 水沙耦合模型实际流域应用检验

通过第3章的改进研究我们发现，分段式植被参数结构、时变流域抗侵蚀能力曲线结构和误差系数微分响应修正三项改进在单项逐个应用到模型中时均能使模型泥沙模拟精度明显提高，但三项改进的综合效果还有待研究和检验。因此，本章将进一步研究模型综合改进效果，即将前述的三项改进同时运用到水沙物理概念模型中，将改进后的模型运用到黄土高原大中小不同尺度的8个典型流域进行应用检验和分析，以验证改进后的水沙耦合模型在不同流域的计算精度和模型的通用性。

4.1 应用流域简介

4.1.1 小尺度流域

小尺度流域选用王茂沟流域、韭园沟流域和岔巴沟流域3个典型流域进行应用检验。王茂沟、韭园沟和岔巴沟流域的流域概况在第3.2小节已经进行了详细介绍，故此处不再赘述。

4.1.2 中尺度流域

中尺度流域选用黄土高原区大理河流域和窟野河流域两个典型流域进行应用检验。大理河流域为绥德水文站所控制的区域，窟野河流域为温家川水文站所控制区域。大理河流域和窟野河流域均位于黄土高原河龙区间内，是黄河流域开展的两次水土保持治理工程中两大重点治理流域，两个流域内植被覆盖度变化非常显著。

1. 大理河流域

大理河是河龙区间内无定河的一级支流，干流全长170km，流域面积3906km^2，河床比降3.16‰，绥德站是大理河流域的出口断面控制站，绥德站控制面积3893km^2，占全流域面积的99.7%。

该流域位于暖温带半干旱大陆性季风气候区，植被稀疏，气候干燥，根据实测降水资料统计，该流域降水量年内分配不均，降水大都为暴雨形式，强度大，历时短，其中，1960—2002年多年平均年降水量为439.5mm，5—9月三个月降水量占全年总降水的80%以上，流域多年平均年径流量为1.453亿 m³，汛期径流和地表径流分别占年总量的59%和86%。

大理河流域存在河源区和丘陵区两大地貌类型，植被稀疏，地形破碎，土质以黄绵土和新积土为主，水土流失严重，流域内丘陵区沟壑密度大，沟壑纵横，主要受重力和沟蚀侵蚀影响，流域治理前，多年平均输沙模数大于16000t/(km²·a)。大理河流域水系及站点分布如图4.1所示。

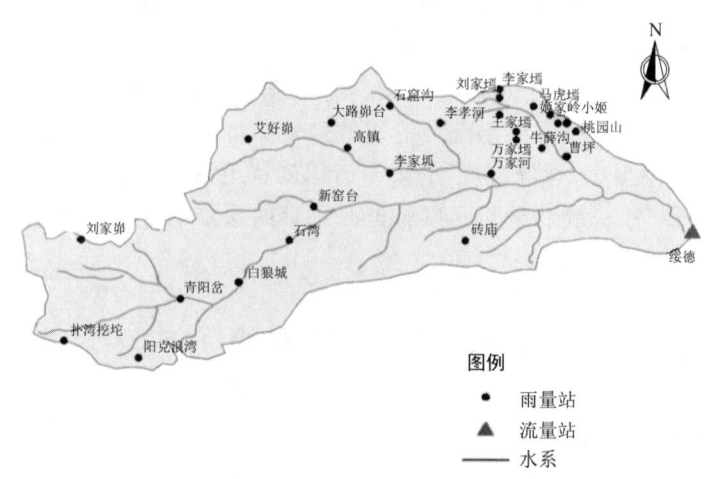

图4.1 大理河流域水系及站点分布图

2. 窟野河流域

窟野河位于黄土高原区河龙区间段内，是黄河中游段一级支流。河长242km，流域面积8706km²，河流水文控制站为温家川站，温家川站以上集水面积为8515km²，河道比降3.44‰。

窟野河多年平均径流总量为7.59亿 m³，多年平均年径流深88.7mm，年均流量 24.1m³/s（温家川站）。河流以降水补给为主，约占径流总量的70.3%（温家川站），地下水补给占年径流总量的29.7%。河流每年都有较长时间的封冻期。神木站平均结冰时间通常从11月中下旬开始，至次年3月上旬解冻，封冻期约90d，最大冰厚有0.88m。

窟野河流域地势西北高、东南低，神木县城以上为沙丘和流沙覆盖区，地处毛乌素沙漠的东南边缘，地面平坦，起伏不大。神木县城以下为黄土丘陵沟壑区，黄土覆盖，地面破碎，为沟谷纵横的梁峁地形，植被缺乏，水土流失极为严重。

窟野河流域水土流失严重，河流含沙量大，各测站多年平均含沙量为130～180kg/m³，温家川站实测最大日含沙量达1700kg/m³（1958年7月10日）。温家川站多年平均输沙量 1.333 亿 t，占黄河陕县站多年平均输沙量 16 亿 t 的 8.3%，相当于陕西省多年平均输沙量的 14.3%。泥沙含量的总趋势是自上游向下游增加。王道恒塔站以上输沙模数为 8800t/(km^2·a)，到温家川出口站达 16000t/(km^2·a)，其中王道恒塔——神木站间为 12381t/(km^2·a)，神木—温家川站间猛增至 45286t/(km^2·a)。所以窟野河下游成为陕西省及全国水土流失最严重的地区之一。窟野河泥沙的季节变化相当极端。温家川站 6—9 月输沙量占年输沙总量的 98.4%，1954 年 7 月 12 日，一天的输沙量达 1.12 亿 t，占该河该年输沙量的 41%，而 12 月—次年 2 月，河流输沙量为 0.1%。窟野河流域水系和站点分布如图 4.2 所示。

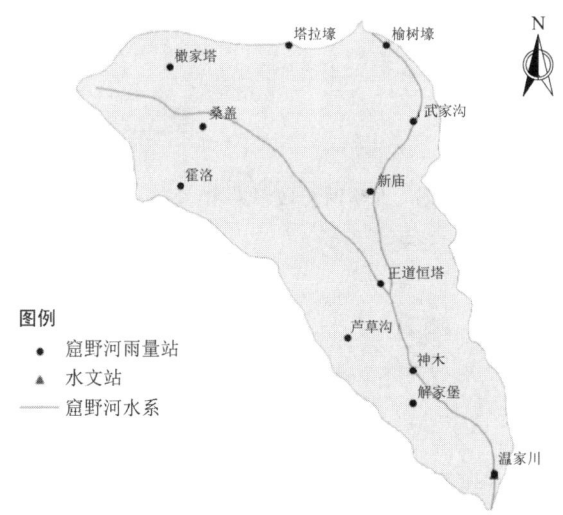

图 4.2 窟野河流域水系和站点分布图

4.1.3 大尺度流域

大尺度流域选用北洛河流域、渭河流域和河龙区间三个区域进行应用检验。河龙区间为河口镇水文站至龙门站之间的区域，北洛河流域为状头站所控制的区域，渭河流域为华县站所控制区域（不包括泾河）。北洛河流域、渭河流域和河龙区间流域面积和下垫面特征各不相同，且分布在黄土高原不同经纬度上，在空间上具有很好的典型性和代表性。北洛河流域、渭河流域和河龙区间的流域概况在第 2.2 小节已经进行了详细介绍，故此处不再赘述。

三个流域水系和站点分布图如图 4.3～图 4.5 所示。

本书所选用的 8 个流域的资料信息见表 4.1。

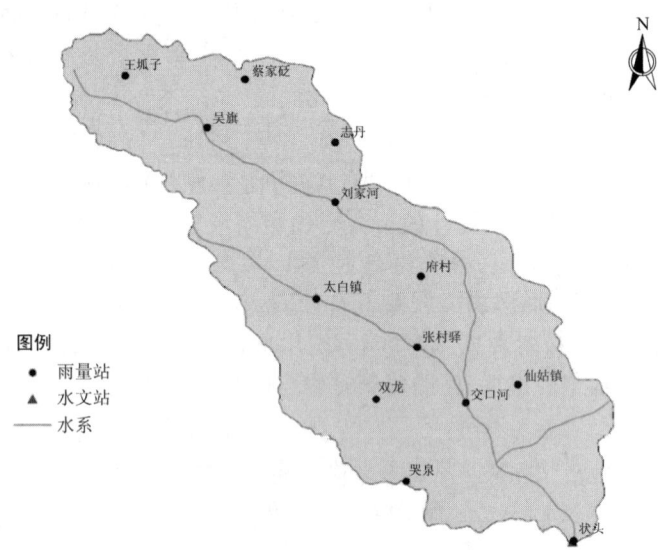

图 4.3 北洛河流域水系和站点分布图

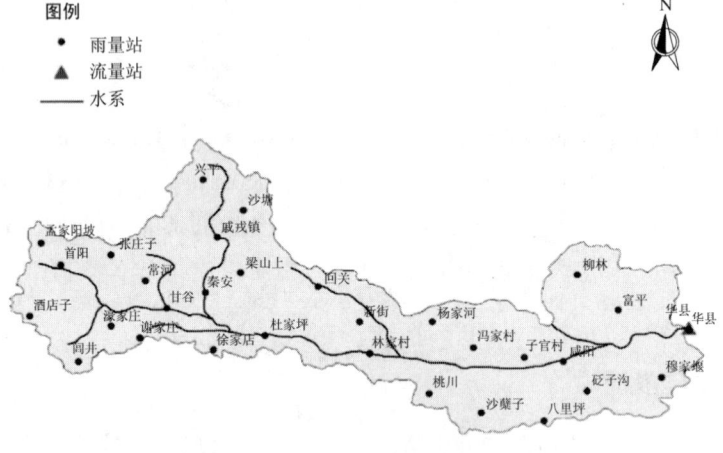

图 4.4 渭河流域水系和站点分布图

表 4.1　　各应用流域选用资料信息

流域代码	流域名	面积 /km²	雨量站数 /个	雨量站密度 /(个/km²)	资料年份	时段长	资料长度
1	王茂沟	5.97	2	0.33501	1961—1964	6min	11 场次洪
2	韭园沟	70.1	11	0.15692	1959—1977	6min	16 场次洪
3	岔巴沟	187	46	0.24599	1960—2013	30min	80 场次洪

续表

流域代码	流域名	面积 /km²	雨量站数 /个	雨量站密度 /(个/km²)	资料年份	时段长	资料长度
4	大理河	3906	67	0.01715	1965—2013	30min	79场次洪
5	窟野河	8515	13	0.00435	1964—2013	逐日	34a
6	北洛河	25645	13	0.00051	1962—2014	逐日	33a
7	渭河	106498	31	0.00029	1962—2014	逐日	37a
8	河龙区间	129654	35	0.00027	1964—2014	逐日	35a

图 4.5　河龙区间水系和站点分布图

4.2　小尺度流域应用效果分析

4.2.1　王茂沟流域

将综合改进后的模型运用到王茂沟流域,模拟结果见表 4.2。表中各项指标的含义同前。

表 4.2　　　综合改进后的模型在王茂沟流域的模拟结果表

洪号	R/mm	RC/mm	eR/%	$DC(QC)$	S/(kg/s)	SC/(kg/s)	eS/%	$DC(SC)$
119610801	46.4	45.6	−1.81	0.847	23035	22662	−1.62	0.994
119610813	1.0	0.9	−5.26	0.708	246	263	6.87	0.560

续表

洪号	R/mm	RC/mm	eR/%	$DC(QC)$	S/(kg/s)	SC/(kg/s)	eS/%	$DC(SC)$
119620715	1.5	1.6	2.61	0.971	681	658	−3.32	0.608
119630601	0.3	0.3	3.85	0.947	38	42	9.26	0.002
119630803	1.2	1.1	−8.33	0.787	637	645	1.32	0.829
119630829	4.4	3.7	−16.29	0.590	2493	2442	−2.05	0.873
119640705	10.3	10.4	0.58	0.862	5393	4882	−9.48	0.933
119640712	0.6	0.6	−6.25	0.980	252	260	3.16	0.933
119640714	3.6	3.6	0.84	0.978	2144	2265	5.66	0.971
119640721	2.1	1.7	−18.27	0.528	1158	1141	−1.49	0.896
119640911	1.6	1.6	1.91	0.978	411	342	−16.76	0.462
均值	6.6	6.5	−4.22	0.834	3317	3237	−0.77	0.733

分析表4.2可知，模型综合改进后，王茂沟流域水流和泥沙模拟精度均得到很大的提高，11场洪水的径流量相对误差在20%以内和输沙率模拟相对误差在30%以内的比例均达到了100%，平均径流量相对误差由−7.97%减小至−4.22%，流量平均确定性系数由0.451提高至0.834，输沙率平均相对误差由−13.42%减小至−0.77%，输沙率相对误差在30%以内的场次占比由原本的72.7%提高至100%，输沙率平均确定性系数由0.408提高至0.733。

4.2.2 韭园沟流域

将综合改进后的模型运用到韭园沟流域，模拟结果见表4.3。表中各项指标的含义同前。

表4.3 综合改进后的模型在韭园沟流域的模拟结果表

洪号	R/mm	RC/mm	eR/%	$DC(QC)$	S/(kg/s)	SC/(kg/s)	eS/%	$DC(SC)$
219590820	21.5	19.4	−9.94	0.920	14801	16151	9.12	0.963
219590828	5.0	5.1	2.00	0.824	3191	2681	−15.98	0.783
219590913	4.8	4.8	−0.83	0.977	3740	3936	5.23	0.993
219610801	34.1	27.8	−18.43	0.623	16059	15696	−2.26	0.942
219640705	15.5	16.2	4.79	0.815	7843	8874	13.14	0.969
219640714	5.3	5.4	1.31	0.990	3086	3351	8.60	0.977
219640911	3.31	3.1	−6.34	0.991	900	1108	23.07	0.279
219660717	11.6	10.1	−12.55	0.776	5545	5148	−7.16	0.825
219660719	11.5	11.6	0.96	0.929	7278	6714	−7.75	0.956

续表

洪号	R/mm	RC/mm	eR/%	$DC(QC)$	S/(kg/s)	SC/(kg/s)	eS/%	$DC(SC)$
219670717	9.0	8.9	−1.33	0.938	4232	3487	−17.61	0.657
219670810	3.8	3.8	−0.78	0.996	1868	2086	11.65	0.800
219670822	7.3	7.2	−0.96	0.977	3760	3687	−1.93	0.885
219670830	5.0	5	0.60	0.990	2792	2786	−0.21	0.891
219770805	21.3	21.8	2.30	0.859	108554	112657	3.78	0.996
219770817	9.0	9.1	1.11	0.984	7664	7618	−0.60	0.991
219770820	32.6	29.1	−10.63	0.433	17933	16043	−10.54	0.837
均值	12.5	11.8	−3.04	0.870	13078	13251	0.66	0.859

分析表 4.3 可知，模型综合改进后，韭园沟流域水流和泥沙模拟精度均得到很大提高，径流量相对误差在 20% 以内和输沙率模拟相对误差在 30% 以内的比例也均达到了 100%，平均径流量相对误差由 3.26% 减小至 −3.04%，流量平均确定性系数由 0.563 提高至 0.870，输沙率平均相对误差由 18.85% 减小至 0.66%，输沙率相对误差在 30% 以内的场次占比由原本的 81.3% 提高至 100%，输沙率平均确定性系数由 0.428 提高至 0.859。

4.2.3 岔巴沟流域

将综合改进后的模型运用到岔巴沟流域，模拟结果见表 4.4。表中各项指标的含义同前。

表 4.4　　综合改进后的模型在岔巴沟流域的模拟结果表

洪号	R/mm	RC/mm	eR/%	$DC(QC)$	S/(kg/s)	SC/(kg/s)	eS/%	$DC(SC)$
319600705	1.5	1.5	−0.66	0.872	1102	1127	2.25	0.886
319600711	0.6	0.6	−6.25	0.887	430	382	−11.25	0.988
319600719	1.6	1.6	0.63	0.817	1170	1212	3.57	0.992
319600727	0.8	0.8	−4.76	0.993	368	341	−7.37	0.811
319610730	14.1	14.0	−0.57	0.603	10964	12307	12.25	0.989
319610813	4.2	4.3	2.14	0.981	1455	1820	25.11	0.357
319610926	7.4	7.4	0.27	0.634	2995	2513	−16.09	0.775
319620723	2.2	2.1	−2.33	0.61	1774	1627	−8.29	0.909
319620801	1.1	1.0	−5.66	0.752	770	736	−4.42	0.995
319620811	3.0	3.0	0.33	0.705	2274	2293	0.84	0.996
319630706	1.3	1.3	−0.76	0.869	582	491	−15.67	0.792

续表

洪号	R/mm	RC/mm	eR/%	$DC(QC)$	S/(kg/s)	SC/(kg/s)	eS/%	$DC(SC)$
319630826	12.1	12.1	0	0.774	12930	15689	21.34	0.938
319630828	4.6	4.7	2.17	0.764	3291	2925	−11.11	0.974
319640705	9.4	9.5	1.28	0.928	6016	4814	−19.98	0.971
319640714	3.0	3.0	0	0.972	2208	2180	−1.25	0.996
319640911	3.0	3.0	−0.33	0.796	1364	1124	−17.62	0.806
319640917	1.2	1.2	0	0.931	825	755	−8.45	0.987
319660627	10.6	10.5	−1.32	0.829	7812	8396	7.47	0.985
319660717	35.3	34.5	−2.16	0.419	28315	28536	0.78	0.998
319660809	2.3	2.3	−1.71	0.84	1880	2065	9.82	0.984
319660815	25.7	23.4	−9.06	0.699	20149	21156	5.00	0.995
319680813	3.7	3.7	−1.07	0.943	2985	2912	−2.46	0.992
319700718	1.8	1.8	−1.1	0.758	1426	1531	7.36	0.971
319700731	24.6	24.4	−0.77	0.885	18666	17761	−4.85	0.991
319700807	6.8	6.8	0.29	0.735	4530	5152	13.74	0.995
319700827	8.5	8.6	1.42	0.753	6115	5387	−11.90	0.994
319710723	7.4	6.4	−13.16	0.876	5252	4926	−6.21	0.988
319720719	5.7	5.7	−0.35	0.716	4844	5301	9.44	0.984
319720731	1.4	1.4	0	0.818	873	769	−11.93	0.923
319730630	2.6	2.6	−0.76	0.854	2056	2151	4.61	0.975
319730717	3.5	3.4	−2.02	0.824	2254	2095	−7.06	0.982
319730815	1.5	1.4	−3.45	0.756	1044	1033	−1.10	0.97
319730908	2.2	2.2	−0.45	0.815	1722	1918	11.40	0.948
319730911	3.1	3.1	−0.32	0.901	1692	1117	−34.00	0.945
319740731	10.8	10.9	1.02	0.592	7483	6468	−13.57	0.991
319770805	2.3	2.1	−9.48	0.603	1112	817	−26.55	0.879
319770811	9.5	9.6	0.63	0.841	4613	5073	9.97	0.959
319780726	10.5	10.3	−2	0.806	2545	3046	19.70	0.829
319780807	16.8	17.3	3.1	0.413	10853	10435	−3.85	0.979
319780829	4.3	4.2	−1.87	0.812	1727	1447	−16.23	0.92
319780911	2.1	2.0	−2.91	0.794	818	929	13.56	0.127
319790723	1.5	1.4	−4.76	0.789	1035	1102	6.49	0.937
319800718	0.9	0.8	−5.88	0.858	377	284	−24.61	0.125

4.2 小尺度流域应用效果分析

续表

洪号	R/mm	RC/mm	eR/%	$DC(QC)$	S/(kg/s)	SC/(kg/s)	eS/%	$DC(SC)$
319810707	4.0	4.0	−0.99	0.966	2480	2331	−6.01	0.958
319820708	1.7	1.6	−3.61	0.848	455	596	30.92	0.527
319820730	4.9	4.7	−3.29	0.871	1795	1165	−35.11	0.921
319830726	6.5	6.4	−1.23	0.931	4682	4892	4.49	0.972
319830904	3.0	3.0	0.33	0.902	1765	1584	−10.28	0.991
319850619	0.6	0.6	−6.25	0.851	253	307	21.16	0.714
319850812	1.9	1.9	−1.04	0.965	1047	905	−13.55	0.973
319860703	1.5	1.5	−2.6	0.894	668	621	−7.08	0.956
319860721	0.8	0.7	−6.67	0.844	426	366	−14.00	0.983
319870826	7.9	7.9	0.25	0.934	4447	5062	13.84	0.956
319880713	3.6	3.5	−2.23	0.791	2243	2365	5.46	0.998
319880715	6.3	6.3	0.8	0.899	3025	2198	−27.33	0.971
319880807	10.7	10.4	−3.17	0.793	4669	3567	−23.61	0.903
319890716	9.4	9.5	1.28	0.856	5662	6100	7.74	0.979
319890721	0.9	0.9	−4.26	0.874	443	351	−20.75	0.842
319900704	1.6	1.6	−0.62	0.847	1072	1183	10.39	0.95
319900725	1.4	1.4	−0.71	0.597	748	667	−10.80	0.876
319900827	1.8	1.7	−4.49	0.786	835	634	−24.10	0.977
319910607	10.1	10.4	2.67	0.642	7498	8086	7.84	0.993
319910610	5.4	5.4	0.75	0.983	2141	1794	−16.20	0.844
319950826	7.0	6.2	−11.68	0.794	3573	3376	−5.52	0.988
319950904	3.0	3.0	−0.33	0.939	1505	1475	−2.00	0.995
319970731	1.6	1.6	−2.44	0.784	957	1085	13.37	0.89
319980712	0.9	0.8	−8.05	0.962	229	171	−25.29	0.302
320010818	3.2	3.0	−5.66	0.769	1004	913	−9.07	0.721
320010818	8.9	8.8	−1.57	0.742	4903	5504	12.26	0.928
320020705	1.2	1.1	−9.84	0.878	636	656	3.12	0.892
320050807	2.8	2.9	2.11	0.846	842	645	−23.42	0.955
320060507	1.5	1.6	3.9	0.654	652	665	2.06	0.947
320060730	4.9	4.9	−0.41	0.972	1304	1199	−8.06	0.948
320060812	3.3	3.4	1.8	0.888	1028	1151	11.98	0.961
320060829	2.6	2.9	13.73	0.904	3417	3670	7.39	0.959

续表

洪号	R/mm	RC/mm	eR/%	$DC(QC)$	S/(kg/s)	SC/(kg/s)	eS/%	$DC(SC)$
320090716	2.6	2.4	−5.88	0.71	734	671	−8.57	0.959
320090719	3.3	3.3	0.61	0.957	850	1094	28.69	0.525
320100807	0.6	0.6	1.69	0.814	65	41	−37.53	0.092
320120728	7.1	6.6	−7.43	0.885	1190	1545	29.87	0.205
320130804	9.6	8.8	−8.71	0.895	1090	943	−13.53	0.654
均值	5.3	5.2	−1.82	0.809	3288	3296	−2.90	0.869

分析表 4.4 可知，模型综合改进后，岔巴沟流域水流和泥沙模拟精度均得到很大提高，从平均径流量相对误差来看，改进前后误差变化不大，分别为 −1.59% 和 −1.82%，均非常小，但径流量相对误差小于 20% 的场次占比从原本的 96.3% 提高至 100%，流量平均确定性系数由改进前的 0.516 提高至 0.809。改进前计算输沙率平均相对误差为 98.52%，改进后减小至 −2.90%，输沙率相对误差在 30% 以内的场次数由 44 场提高至 76 场，输沙率相对误差在 30% 以内的场次占比由 55% 提高至 95%，输沙率平均确定性系数由 −6.002 提高至 0.869。分析 2000 年后逐场次洪水泥沙计算结果可以发现，在综合改进下，模型计算系统偏差已完全消除，说明综合改进后的模型能够很好地抵御下垫面变化对模型造成的影响，使得水沙模型在变化环境下也能保持稳定。

4.3 中尺度流域应用效果分析

4.3.1 大理河流域

综合改进后的模型在大理河流域的模拟结果见表 4.5。表中各项指标的含义同前。

表 4.5 综合改进后的模型在大理河流域的模拟结果表

洪号	R/mm	RC/mm	eR/%	$DC(QC)$	S/(kg/s)	SC/(kg/s)	eS/%	$DC(SC)$
419650804	0.7	0.7	0.00	0.808	6612	5662	−14.37	0.882
419660626	3.6	3.5	−2.78	0.748	34963	34704	−0.74	0.945
419660717	4.3	3.8	−11.63	0.814	80085	92522	15.53	0.817
419660719	1.8	1.9	5.56	0.855	38031	37472	−1.47	0.986
419660725	2.6	2.5	−3.85	0.882	9155	7387	−19.32	0.895
419660808	5.5	5.7	3.64	0.903	61595	66399	7.80	0.960
419660814	11.8	12.2	3.39	0.862	141705	152800	7.83	0.983

续表

洪号	R/mm	RC/mm	eR/%	$DC(QC)$	S/(kg/s)	SC/(kg/s)	eS/%	$DC(SC)$
419660829	1.9	1.5	−21.05	0.465	19319	16649	−13.82	0.897
419670717	3.1	3.1	0.00	0.774	49299	53761	9.05	0.948
419670802	2.8	3.2	14.29	0.887	27071	23292	−13.96	0.979
419670807	0.7	0.8	14.29	0.961	10121	9518	−5.96	0.939
419670810	3.3	3.3	0.00	0.920	35584	30702	−13.72	0.966
419670821	2.7	2.8	3.70	0.897	32106	24818	−22.70	0.953
419670826	5.9	6.2	5.08	0.684	77422	77732	0.40	0.986
419670829	3.6	3.6	0.00	0.895	35768	30009	−16.10	0.975
419670901	5.9	4.6	−22.03	0.485	12319	10610	−13.87	0.899
419680714	2.6	3	15.38	0.647	30983	32625	5.30	0.950
419680813	2.8	2.8	0.00	0.839	36269	40247	10.97	0.922
419680820	4.9	5.1	4.08	0.802	53747	49254	−8.36	0.994
419690511	5.9	5.7	−3.39	0.924	298243	339997	14.00	0.879
419690726	6.6	6.5	−1.52	0.827	39416	41146	4.39	0.962
419690809	5.3	5.2	−1.89	0.867	63474	57774	−8.98	0.978
419700702	5.3	5.4	1.89	0.819	32234	28150	−12.67	0.982
419700731	2.6	2.6	0.00	0.902	68672	59916	−12.75	0.959
419700802	6.1	6.6	8.20	0.841	156578	180550	15.31	0.932
419700807	5.1	5.2	1.96	0.890	76107	66525	−12.59	0.980
419700824	3	3.1	3.33	0.876	32639	28135	−13.80	0.851
419710705	4	4.3	7.50	0.807	60774	64263	5.74	0.983
419710723	10.5	11.1	5.71	0.761	227830	235098	3.19	0.996
419710725	3.1	3.4	9.68	0.740	66533	61044	−8.25	0.987
419710815	1.7	1.7	0.00	0.870	9655	6917	−28.36	0.821
419720618	0.7	0.7	0.00	0.801	14160	13819	−2.41	0.942
419720623	1.8	1.6	−11.11	0.865	48951	57032	16.51	0.904
419720719	1.3	1.4	7.69	0.773	20977	18930	−9.76	0.980
419730717	3.6	3.9	8.33	0.689	16120	14155	−12.19	0.957
419730823	3.2	3.3	3.12	0.732	6459	8124	25.78	0.613
419740728	5.4	5.6	3.70	0.773	23582	22683	−3.81	0.970
419750811	1.5	1.5	0.00	0.975	10444	9664	−7.47	0.945
419750830	1.6	1.6	0.00	0.921	13671	14382	5.20	0.952

续表

洪号	R/mm	RC/mm	eR/%	$DC(QC)$	S/(kg/s)	SC/(kg/s)	eS/%	$DC(SC)$
419770705	3.3	3.2	−3.03	0.818	19662	17478	−11.11	0.937
419770804	19.3	18.7	−3.11	0.853	256558	241780	−5.76	0.985
419770810	2.2	2.3	4.55	0.694	5612	4601	−18.01	0.729
419770820	5	5	0.00	0.778	12102	14770	22.05	0.673
419780720	2.3	2.3	0.00	0.856	13470	11765	−12.66	0.897
419780726	5.6	5.6	0.00	0.849	23898	20492	−14.25	0.871
419780825	4.9	4.6	−6.12	0.675	17525	18712	6.77	0.936
419780905	3.8	3.7	−2.63	0.860	41471	47194	13.80	0.970
419790721	2.8	2.9	3.57	0.912	18325	20091	9.64	0.971
419790802	2	2.1	5.00	0.886	13580	11272	−16.99	0.817
419790811	1.8	1.9	5.56	0.893	14318	12490	−12.77	0.914
419800628	1.4	1.5	7.14	0.644	6562	7203	9.76	0.932
419800818	1.9	1.9	0.00	0.804	17783	19444	9.34	0.955
419800824	1.4	1.4	0.00	0.821	4503	3429	−23.85	0.852
419810618	2.7	2.8	3.70	0.927	8114	9877	21.73	0.858
419810706	2.7	2.9	7.41	0.644	32156	30918	−3.85	0.970
419810805	1	0.9	−10.00	0.645	41215	42175	2.33	0.971
419820708	4.3	4.3	0.00	0.778	32090	26362	−17.85	0.959
419820729	5.3	5.1	−3.77	0.860	18088	16981	−6.12	0.911
419820808	1.2	1.2	0.00	0.822	9655	12127	25.60	0.878
419830726	0.7	0.6	−14.29	0.661	21821	24686	13.13	0.852
419840826	5.1	4.9	−3.92	0.945	53207	46913	−11.83	0.952
419850511	1.7	1.9	11.76	0.659	6898	8076	17.08	0.851
419850805	1.8	1.7	−5.56	0.843	18550	18255	−1.59	0.908
419850812	1.4	1.3	−7.14	0.874	22929	20357	−11.22	0.980
419850922	3.1	3.2	3.23	0.916	32851	30140	−8.25	0.954
419860625	2.1	2.1	0.00	0.832	10726	9323	−13.08	0.929
419870825	7.8	7.9	1.28	0.878	104510	93411	−10.62	0.992
419880706	3.8	3.9	2.63	0.893	51996	53171	2.26	0.966
419880714	4.5	4.5	0.00	0.860	26438	28963	9.55	0.977
419890721	3.4	3.1	−8.82	0.792	32174	29880	−7.13	0.973
420070828	5	4.9	−2.00	0.921	41272	37566	−8.98	0.929

续表

洪号	R/mm	RC/mm	eR/%	$DC(QC)$	S/(kg/s)	SC/(kg/s)	eS/%	$DC(SC)$
420070901	3.3	4	21.21	0.477	38228	40717	6.51	0.950
420090717	3.3	3.5	6.06	0.829	28156	24226	−13.96	0.960
420090719	2.1	2.1	0.00	0.817	9277	10284	10.85	0.812
420100811	1.1	1.1	0.00	0.914	7026	6282	−10.59	0.898
420120730	3.1	3.5	12.90	0.641	22459	21830	−2.80	0.956
420120905	1.3	1.3	0.00	0.887	4227	5323	25.91	0.741
420130725	4.1	4.1	0.00	0.911	22369	22029	−1.52	0.966
420130811	3.1	3.0	−3.23	0.754	21320	23535	10.39	0.890
均值	3.6	3.6	0.93	0.811	41288	41375	−2.01	0.922

分析表 4.5 可知,综合改进后的水沙模型在大理河流域水流和泥沙模拟效果非常好,79 场洪水中有 76 场洪水水流模拟合格,仅有 3 场洪水计算径流量误差超过 20%,径流量相对误差在 20% 以内的场次占比达 96.2%,平均径流量相对误差仅 0.93%,流量平均确定性系数为 0.811。对于泥沙计算,输沙率模拟相对误差在 30% 以内的比例达 100%,平均输沙率相对误差仅 −2.01%,输沙率平均确定性系数高达 0.922。分析逐场次洪水计算结果,每场洪水的流量和输沙率相对误差均较小,且正负误差分布均匀,不存在系统偏差,流量和输沙率过程的确定性系数均较高。由此可见,改进后的水沙模型在大理河流域模拟精度较高,应用效果较好。

4.3.2 窟野河流域

综合改进后的模型在窟野河流域的模拟结果见表 4.6。表中各项指标的含义同前。

表 4.6　　综合改进后的模型在窟野河流域的模拟结果表

洪号	R/mm	RC/mm	eR/%	$DC(QC)$	S/(kg/s)	SC/(kg/s)	eS/%	$DC(SC)$
51964	63.6	66.3	4.25	0.694	3664	3063	−16.42	0.858
51965	30.8	30.6	−0.65	0.848	167	65	−61.29	0.118
51966	69.8	77.9	11.60	0.602	9546	12261	28.45	0.741
51967	122.4	129.9	6.13	0.794	7679	6631	−13.65	0.910
51968	54.0	53.3	−2.74	0.851	3097	3680	18.84	0.657
51969	43.5	43.6	0.23	0.588	2028	1543	−23.94	0.508
51970	69.8	73.6	5.44	0.725	6323	6806	7.64	0.821

续表

洪号	R/mm	RC/mm	eR/%	$DC(QC)$	S/(kg/s)	SC/(kg/s)	eS/%	$DC(SC)$
51971	74.2	77.1	3.91	0.797	6274	6822	8.74	0.937
51972	28.7	27.8	−3.14	0.814	2625	1992	−24.09	0.571
51973	59.0	63.9	8.31	0.790	937	1154	23.10	0.752
51974	32.1	32.6	1.56	0.851	1662	1187	−28.58	0.597
51975	28.8	29.8	3.47	0.712	1333	765	−42.58	0.362
51976	79.5	81.9	3.02	0.846	9116	10319	13.20	0.716
51977	64.3	83.3	29.55	0.274	4368	3605	−17.48	0.687
51978	68.7	69.0	0.44	0.885	4510	4108	−8.91	0.921
51979	89.0	91.2	2.47	0.600	5622	6948	23.59	0.588
51980	20.5	20.1	−1.95	0.801	440	268	−39.24	0.199
51981	37.9	38.7	2.11	0.806	2349	2603	10.84	0.720
51982	42.7	48.3	13.11	0.653	1654	1868	12.93	0.851
51983	24.9	26.0	4.42	0.896	927	753	−18.73	0.651
51984	39.7	40.7	2.52	0.906	2466	1888	−23.43	0.640
51985	67.1	72.0	7.30	0.806	4796	5333	11.19	0.842
51986	24.7	25.1	1.62	0.612	636	461	−27.53	0.348
51987	19.3	20.8	7.77	0.708	1054	1322	25.41	0.698
51988	67.0	73.7	10.00	0.742	4043	4379	8.31	0.929
51989	40.8	41.7	2.21	0.783	2885	2327	−19.34	0.887
52006	9.3	10.3	10.75	0.610	81	57	−29.61	0.569
52007	13.0	14.2	9.23	0.851	59	75	26.60	0.250
52008	7.3	7.9	8.22	0.783	13	9	−27.95	0.547
52009	8.3	8.5	2.41	0.990	1	1	−36.51	0.130
52010	8.2	10.0	21.95	0.776	4	5	17.57	0.676
52011	7.0	7.4	5.71	0.879	2	1	−12.97	0.646
52012	34.7	39.5	13.83	0.289	152	196	29.13	0.481
52013	30.5	33.7	10.49	0.713	33	27	−18.52	0.529
均值	43.6	46.2	6.05	0.743	2663	2721	−6.62	0.628

注　中大流域日资料洪号编号规则为"流域代码+资料年份"，下同。

分析表 4.6 可知，综合改进后的水沙模型在窟野河流域水流和泥沙模拟精度也较高。共 34 年的日资料模拟仅有 2 年的年计算径流量误差超过 20%，日径流量模拟相对误差小于 20% 的年份占 94.1%，年平均径流深相对误差仅

6.05%，流量平均确定性系数为 0.743。对于泥沙计算，34 年日平均输沙率资料模拟有 30 年日平均输沙率相对误差在 30% 以内，多年日平均输沙率相对误差仅 −6.62%，日平均输沙率平均确定性系数为 0.628。分析逐年资料计算结果，每年的日平均流量和日平均输沙率相对误差正负分布均匀，不存在系统偏差，流量和输沙率过程的确定性系数均较高。由此可见，改进后的水沙模型在窟野河流域模拟精度较高，应用效果较好。

4.4 大尺度流域应用效果分析

4.4.1 北洛河流域

综合改进后的模型在北洛河流域的模拟结果见表 4.7。表中各项指标的含义同前。

表 4.7　综合改进后的模型在北洛河流域的模拟结果表

洪号	R/mm	RC/mm	eR/%	$DC(QC)$	S/(kg/s)	SC/(kg/s)	eS/%	$DC(SC)$
61962	18.4	18.6	1.09	0.850	1000	877	−12.29	0.774
61963	28.7	25.6	−10.80	0.777	1656	1926	16.30	0.703
61964	56.4	56.5	0.18	0.634	6471	7588	17.27	0.605
61965	11.4	13.2	15.79	0.754	567	501	−11.55	0.721
61966	32.1	27.8	−13.40	0.698	6838	8222	20.23	0.664
61967	16.6	17.5	5.42	0.886	3977	4992	25.52	0.450
61970	14.3	12.6	−11.88	0.748	2553	2472	−3.17	0.849
61971	12.1	10.4	−14.05	0.590	3074	2743	−10.78	0.582
61972	8.2	7.9	−3.66	0.388	1169	1145	−2.12	0.494
61973	13.7	14.3	4.38	0.829	3504	4129	17.81	0.640
61974	8.0	7.4	−7.50	0.892	936	851	−9.16	0.717
61975	36.0	32.3	−10.28	0.785	3232	2807	−13.16	0.640
61976	28.2	32.4	14.89	0.850	1247	1790	43.64	0.259
61977	24.8	26.9	8.47	0.920	5582	7091	27.03	0.577
61978	20.7	17.5	−15.47	0.711	2407	1944	−19.25	0.580
61979	13.3	10.7	−19.55	0.559	2258	2392	5.93	0.643
61980	9.7	11.1	14.43	0.678	762	444	−41.71	0.394
61981	18.1	11.4	−37.02	0.380	1621	1361	−16.05	0.598

续表

洪号	R/mm	RC/mm	eR/%	$DC(QC)$	S/(kg/s)	SC/(kg/s)	eS/%	$DC(SC)$
61982	14.3	16.4	14.69	0.676	492	565	14.91	0.545
61983	39.4	37.3	−5.33	0.860	735	858	16.69	0.718
61984	18.6	15.5	−16.67	0.631	1257	1012	−19.50	0.419
61985	21.6	25.1	16.39	0.527	3174	3703	16.65	0.403
61986	9.1	8.8	−3.30	0.719	797	696	−12.63	0.709
61987	7.4	8.7	17.03	0.785	1269	1146	−9.70	0.853
62006	6.8	5.9	−12.94	0.887	92	130	41.12	0.293
62007	14.2	16.2	14.08	0.780	286	243	−14.93	0.736
62008	4.9	5.4	9.22	0.841	27	34	26.14	0.530
62009	1.3	1.1	−15.38	0.621	34	25	−25.11	0.635
62010	15.6	12.9	−17.56	0.488	482	535	10.86	0.763
62011	21.5	24.4	13.49	0.702	133	82	−38.39	0.344
62012	10.7	13.3	24.30	0.539	75	86	14.82	0.761
62013	22.0	21.3	−3.18	0.881	892	1039	16.43	0.504
62014	9.0	10.2	13.33	0.710	492	403	−18.02	0.627
均值	17.8	17.5	−0.93	0.714	1791	1934	1.63	0.598

分析表 4.7 可以看出，综合改进后的水沙模型在大型流域北洛河流域的应用效果也较好。共 33 年的日资料模拟有 31 年水流模拟合格，仅有 2 年的年计算径流量误差超过 20%，径流量相对误差小于 20% 的年份占比为 93.9%，年平均径流深相对误差仅−0.93%，流量平均确定性系数为 0.714。对于泥沙计算，33 年日平均输沙率资料模拟有 29 年的日平均输沙率相对误差在 30% 以内，占比 87.9%，多年日平均输沙率相对误差仅 1.63%，输沙率平均确定性系数为 0.598。分析逐场次洪水计算结果，每年的日平均流量和日平均输沙率相对误差均较小且正负分布均匀，不存在系统偏差，流量和输沙率确定性系数大于 0.5 的年数分别为 31 年和 28 年，证明水流和泥沙模拟确定性系数普遍较高，过程模拟普遍较好。由此可见，改进后的水沙模型在窟野河流域模拟精度较高，应用效果较好。

4.4.2 渭河流域

综合改进后的模型在渭河流域的模拟结果见表 4.8。表中各项指标的含义同前。

表 4.8　　综合改进后的模型在渭河流域的模拟结果表

洪号	R/mm	RC/mm	eR/%	$DC(QC)$	S/(kg/s)	SC/(kg/s)	eS/%	$DC(SC)$
71962	63.0	59.8	−5.08	0.893	8731	7714	−11.65	0.742
71963	75.1	67.5	−10.12	0.838	8402	6595	−21.51	0.640
71964	95.9	107.8	12.41	0.887	33633	34346	2.12	0.842
71965	35.5	36.6	3.10	0.739	5577	4627	−17.04	0.634
71966	68.1	66.5	−2.35	0.863	30151	35047	16.24	0.642
71968	71.6	76.7	7.12	0.831	16262	20665	27.07	0.552
71969	38.8	34.1	−12.11	0.857	8892	8694	−2.22	0.839
71970	54.8	53.8	−1.82	0.825	23732	27265	14.89	0.569
71971	34.8	31.3	−10.06	0.932	5311	7552	42.18	0.299
71972	10.6	14.1	33.02	0.211	1574	1259	−19.99	0.286
71973	43.3	38.3	−11.55	0.856	26473	37996	43.53	0.465
71974	29.8	34.6	16.11	0.865	5163	4314	−16.45	0.669
71975	74.9	68.5	−8.54	0.539	12061	10471	−13.18	0.796
71976	53.6	60.1	12.13	0.350	8736	7818	−10.51	0.360
71977	22.2	21.9	−1.35	0.936	18078	26333	45.67	0.373
71978	45.9	48.2	5.01	0.460	13948	17699	26.90	0.404
71979	12.8	10.8	−15.63	0.703	6690	6743	0.78	0.840
71980	45.5	47.5	4.40	0.513	9399	8084	−13.99	0.416
71981	72.8	70.6	−3.02	0.615	11487	14053	22.34	0.537
71982	24.5	31.6	28.98	0.204	4775	4859	1.75	0.239
71983	65.1	68.4	5.07	0.930	8036	7024	−12.60	0.861
71984	60.1	53.4	−11.15	0.664	13284	7395	−44.33	0.343
71985	40.4	44.9	11.14	0.877	8109	6931	−14.53	0.631
71986	25.5	25.1	−1.57	0.880	5090	4712	−7.42	0.893
72001	14.9	16.3	9.40	0.771	4087	4864	19.01	0.572
72002	19.6	22.3	13.78	0.609	7599	8596	13.12	0.617
72003	76.5	63.5	−16.99	0.431	9497	9590	0.98	0.408
72005	36.1	41.3	14.40	0.420	4846	3204	−33.88	0.208
72006	19.4	18.1	−6.70	0.951	2836	2918	2.90	0.924
72007	36.4	40.5	11.26	0.705	2917	2861	−1.92	0.622
72008	23.0	23.8	3.48	0.823	1832	2345	28.03	0.516
72009	24.4	24.2	−0.82	0.851	1910	2185	14.41	0.795
72010	36.2	42.2	16.57	0.689	4666	6051	29.69	0.505

续表

洪号	R/mm	RC/mm	eR/%	$DC(QC)$	S/(kg/s)	SC/(kg/s)	eS/%	$DC(SC)$
72011	55.4	64.6	16.61	0.674	1471	1310	−10.94	0.868
72012	28.5	24.9	−12.63	0.720	1291	1390	7.67	0.831
72013	43.2	38.3	−11.34	0.775	4560	3879	−14.92	0.643
72014	24.1	25.1	4.15	0.680	698	771	10.43	0.629
均值	43.3	43.7	2.31	0.713	9238	9950	2.77	0.595

分析表 4.8 可以看出，总体来看，综合改进后的水沙模型在渭河流域的应用效果与北洛河流域模拟结果大致一致，但模拟效果略差于北洛河流域。渭河流域共 37 年的日资料模拟仅有 2 年的年计算径流量误差超过 20%，径流量相对误差在 20% 以内的年份占比达 94.6%，年平均径流深相对误差仅 2.31%，流量平均确定性系数为 0.713。对于泥沙计算，37 年日资料泥沙模拟有 32 年平均输沙率相对误差在 30% 以内，占总所有年份的 86.5%，多年平均输沙率相对误差 2.77%，输沙率平均确定性系数为 0.595。分析逐场次洪水计算结果，每年的日流量和日输沙率相对误差比较小且正负分布均匀，不存在系统偏差，流量和输沙率确定性系数大于 0.5 的年数分别为 28 年和 23 年，证明日过程模拟水流和泥沙确定性系数普遍较高，过程模拟普遍较好。由此可见，改进后的水沙模型在渭河流域模拟精度也相对较高，应用效果较好，但模拟精度略低于北洛河流域。

4.4.3 河龙区间

综合改进后的模型在河龙区间的模拟结果见表 4.9。表中各项指标的含义同前。

表 4.9　综合改进后的模型在河龙区间的模拟结果表

洪号	R/mm	RC/mm	eR/%	$DC(QC)$	S/(kg/s)	SC/(kg/s)	eS/%	$DC(SC)$
81964	240.0	240.1	0.04	0.793	54460	49602	−8.92	0.639
81965	103.8	100.3	−3.37	0.815	8873	6804	−23.32	0.636
81966	187.9	194.9	3.73	0.634	54438	67803	24.55	0.673
81967	298.2	298.9	0.23	0.598	77997	85189	9.22	0.728
81968	177.4	173.6	−2.14	0.691	29422	24596	−16.40	0.543
81969	81.0	78.1	−3.58	0.679	34088	12787	−62.49	0.249
81970	103.9	105.4	1.44	0.798	43550	55678	27.85	0.722
81971	116.8	107.5	−7.96	0.805	32533	26544	−18.41	0.658
81972	105.3	105.0	−0.28	0.737	13661	14047	2.83	0.682
81973	130.3	122.3	−6.14	0.735	23999	30759	28.17	0.442
81974	96.3	90.2	−6.33	0.733	18667	23524	26.02	0.844

续表

洪号	R/mm	RC/mm	eR/%	$DC(QC)$	S/(kg/s)	SC/(kg/s)	eS/%	$DC(SC)$
81975	169.6	172.5	1.71	0.585	19081	14415	−24.45	0.521
81976	212.3	213.5	0.57	0.630	20385	19154	−6.04	0.331
81977	112.3	108.6	−3.29	0.816	52720	57849	9.73	0.866
81978	131.7	133.4	1.29	0.901	26200	15846	−39.52	0.234
81979	169.3	171.7	1.42	0.790	24329	20899	−14.10	0.835
81980	53.9	54.5	1.11	0.979	9159	11418	24.67	0.384
81981	144.3	142.5	−1.25	0.938	21947	18881	−13.97	0.729
81982	133.5	128.3	−3.90	0.239	13842	8190	−40.83	0.395
81983	196.3	188.6	−3.92	0.709	12724	14168	11.35	0.854
81984	148.1	148.6	0.34	0.808	11313	12794	13.10	0.857
81985	153.7	147.1	−4.29	0.773	16190	15277	−5.64	0.661
81986	102.3	104.2	1.86	0.871	7517	5449	−27.51	0.245
81987	48.4	47.8	−1.24	0.780	8238	9970	21.02	0.354
81988	90.2	101.5	12.53	0.536	28791	31238	8.50	0.851
81989	170.5	166.6	−2.29	0.511	20089	19609	−2.39	0.856
82006	135.7	117.3	−13.56	0.523	5712	5041	−11.74	0.548
82007	143.6	115.7	−19.43	0.673	4550	5501	20.88	0.525
82008	120.8	131.3	9.19	0.842	1848	2163	17.07	0.452
82009	121.6	105.5	−13.24	0.558	1801	1411	−21.67	0.482
82010	141.7	164.3	15.95	0.551	2468	1982	−19.69	0.787
82011	117.3	97.2	−17.14	0.451	1534	2021	31.76	0.319
82012	163.5	170.2	4.16	0.893	5850	7482	27.89	0.390
82013	114.9	120.3	4.70	0.712	5888	5171	−12.18	0.638
82014	64.9	63.2	−2.62	0.836	1197	1357	13.36	0.717
均值	137.2	135.2	−1.59	0.712	20430	20132	−1.47	0.590

分析表 4.9 可以看出，总体来说，综合改进后的水沙模型在河龙区间的应用效果与前两个大型流域模拟结果也是一致的。河龙区间 35 年的日资料水流模拟的年径流深相对误差均在 20% 以内，径流量相对误差在 20% 以内的场次占比达 100%，平均年径流深相对误差仅 −1.59%，流量平均确定性系数为 0.712。对于泥沙计算，35 年日输沙率资料模拟有 31 年平均输沙率相对误差在 30% 以内，占所有年份的 88.6%，多年平均输沙率相对误差 −1.47%，输沙率平均确定性系数为 0.590。分析逐场次洪水计算结果，每年资料的逐日流量和日平均输沙率相对误差均较小且正负分布均匀，不存在系统偏差，流量和输沙率确定性

系数大于0.5的年数分别为31年和28年，证明日过程模拟水流和泥沙确定性系数普遍较高，过程模拟普遍较好。由此可见，改进后的水沙模型在窟野河流域模拟精度较高，应用效果较好。

4.5 模型应用效果对比分析

4.5.1 综合改进与各单项改进对比

为对比分析综合改进与各单项改进对水沙模型的改进效果，表4.10统计了岔巴沟流域综合改进相较于各单项改进的输沙率相对误差的变化和输沙率确定性系数的变化。

表4.10 岔巴沟流域综合改进相对于各单项改进的泥沙模拟结果对比

洪号	相对时变植被结构		相对分段式时变植被结构		相对REMM改进		相对系统微分响应修正	
	$\Delta\|eS\|_1$	$\Delta DC(SC)_1$	$\Delta\|eS\|_2$	$\Delta DC(SC)_2$	$\Delta\|eS\|_3$	$\Delta DC(SC)_3$	$\Delta\|eS\|_4$	$\Delta DC(SC)_4$
319600705	−14.72	0.338	−22.61	0.322	−22.52	0.337	−9.37	0.13
319600711	−5.26	0.533	10.09	0.379	10.09	0.533	−13.46	0.413
319600719	−16.17	0.573	−6	0.412	−5.92	0.576	−9.72	0.21
319600727	−18.72	0.165	−14.37	0.178	−14.37	0.164	−17.44	0.186
319610730	−108.94	0.465	−15.54	1.74	−14.2	0.497	−58.82	0.904
319610813	8.55	0.076	7.79	−0.221	7.65	0.073	−53.47	0.742
319610926	15.89	0.409	8.91	−0.015	8.91	0.41	−12.71	0.281
319620723	−18.6	3.273	−91.31	0.425	−91.55	3.276	−1.05	−0.062
319620801	0.39	0.91	−32.85	0.511	−32.85	0.908	−10.13	0.016
319620811	−19.92	0.465	−21.06	0.447	−21.02	0.467	−7.98	0.002
319630706	15.15	0.471	−6.15	0.414	−6.15	0.471	−7.94	0.146
319630826	−94.36	0.73	−0.2	1.319	3.53	0.76	−0.37	0.006
319630828	−14.32	0.475	−19.34	0.38	−10.34	0.481	−5.93	0.024
319640705	−4.17	0.574	−18.83	0.308	14.13	0.582	11.76	0.025
319640714	−23.48	0.193	−14.06	0.198	−13.97	0.192	−9.18	0.013
319640911	11.32	0.68	0.32	0.385	0.46	0.684	−3.26	0.097
319640917	−18.58	0.714	−16.03	0.657	−16.03	0.714	−6.56	0.061
319660627	−14.1	1.424	−21.52	0.431	−21.05	1.409	−4.56	0.005
319660717	−150.89	0.483	−11.35	2.221	−15.66	0.542	−3.5	0.003
319660809	−37.63	0.909	−36.46	0.69	−36.03	0.898	5.67	−0.005

4.5 模型应用效果对比分析

续表

洪号	相对时变植被结构		相对分段式时变植被结构		相对 REMM 改进		相对系统微分响应修正	
	$\Delta\|eS\|_1$	$\Delta DC(SC)_1$	$\Delta\|eS\|_2$	$\Delta DC(SC)_2$	$\Delta\|eS\|_3$	$\Delta DC(SC)_3$	$\Delta\|eS\|_4$	$\Delta DC(SC)_4$
319660815	−193.32	0.302	−13.41	2.915	−2.33	0.338	4.08	0.002
319680813	−11.28	0.059	−4.41	0.11	−4.74	0.061	−1.81	0
319700718	−18.17	0.791	−15.99	0.62	−16.13	0.793	5.34	−0.023
319700731	−93.68	0.324	−16.7	2.776	−17.48	0.362	−1.39	0
319700807	9.48	0.503	−18.22	0.412	−18.27	0.509	−5.97	0.012
319700827	−35.84	0.598	−12.12	1.026	−14.51	0.64	−2.1	0.001
319710723	−2.93	0.381	−10.95	0.235	−10.41	0.381	−4.74	0.009
319720719	−6.33	0.517	6.9	0.595	9.42	0.528	4.56	−0.009
319720731	−6.74	0.369	11.82	0.436	11.82	0.37	−3.48	−0.034
319730630	−24.62	0.545	−11.59	0.592	−11.2	0.539	3.01	−0.005
319730717	−6.52	0.369	−15.12	0.422	−15.34	0.372	0.11	−0.003
319730815	−30.8	0.905	−10.59	0.774	−10.2	0.899	−9.63	−0.023
319730908	−16.71	0.403	−6.89	0.462	−30.18	0.404	10.83	−0.035
319730911	5.28	0.445	10	0.393	10.06	0.445	21.24	0.064
319740731	4.46	0.556	9.57	0.299	10.56	0.547	−3.34	−0.002
319770805	18.19	0.486	1.46	0.399	−1.24	0.41	1.25	0.048
319770811	−0.85	0.204	−15.65	0.15	−13.75	0.167	−0.4	−0.01
319780726	−6.7	0.378	−14.21	0.506	−178.53	2.413	4.53	0.039
319780807	−45.55	2.67	−2.71	2.522	−77.63	9.009	−6.9	−0.012
319780829	2.56	0.246	6.15	0.15	13.1	0.264	−2.77	0.043
319780911	−6.24	−0.518	3.66	−0.389	−76.05	−0.169	−66.85	0.406
319790723	−17.37	0.484	−19.98	0.428	0.02	0.396	1.62	−0.04
319800718	6.31	−0.327	20.9	−0.445	−46.21	−0.22	−61.89	0.121
319810707	−15.89	0.214	−10.97	0.09	1.57	0.082	−3.26	−0.02
319820708	13.34	−0.156	1.25	−0.198	−104.46	0.074	−43.58	0.312
319820730	8.81	0.424	32.71	0.376	15.95	0.381	26.38	0.002
319830726	0.75	0.235	−6.25	0.168	−17.77	0.404	1.02	−0.002
319830904	−18.11	0.634	−36.18	0.389	7.28	0.498	−1.22	0.013
319850619	−19.95	0.045	−6.11	0.043	−119.16	0.679	−15.74	0.199
319850812	−4.98	0.478	−10.33	0.265	−11.19	0.711	−1.82	0.235
319860703	2.14	0.462	−16.27	0.337	−8.64	0.38	3.37	0.042

续表

洪号	相对时变植被结构		相对分段式时变植被结构		相对REMM改进		相对系统微分响应修正	
	$\Delta\|eS\|_1$	$\Delta DC(SC)_1$	$\Delta\|eS\|_2$	$\Delta DC(SC)_2$	$\Delta\|eS\|_3$	$\Delta DC(SC)_3$	$\Delta\|eS\|_4$	$\Delta DC(SC)_4$
319860721	12.83	0.551	2.5	0.512	−31.77	0.532	7.63	0.09
319870826	−25.15	0.211	−0.46	0.353	−49.12	1.825	8.8	0
319880713	−1.9	0.505	−41.58	0.344	2.25	0.312	−4.04	0.006
319880715	14.47	0.742	−14.12	0.331	16.06	0.919	20.53	0.04
319880807	9.65	0.664	−17.08	0.417	10.89	0.792	20.36	0.03
319890716	7.05	0.325	1.12	0.394	−2.42	0.366	−3.34	0.096
319890721	−7.92	0.297	−7.69	0.477	12.4	0.322	7.18	0.062
319900704	−36.16	0.511	−5.47	0.742	−15.64	0.552	7.84	−0.03
319900725	−34.25	0.426	4.12	0.207	−7.52	0.466	−10.78	0.28
319900827	−4.28	0.481	13.68	0.554	21.11	0.504	6.99	0.23
319910607	−66.66	0.441	−7.3	0.602	−12.43	0.467	−0.14	−0.001
319910610	7.51	0.052	−0.8	0.018	9.43	0.038	−25.38	0.467
319950826	2.75	0.37	−12.98	0.283	−9.03	0.368	−1.32	0.033
319950904	−39.06	0.682	−31.75	0.532	−27.5	0.658	−8.42	0.033
319970731	−40.97	0.479	−7.01	0.295	−19.44	0.381	6.38	−0.037
319980712	21.8	−0.249	0.4	−0.246	−39.34	−0.091	−66.31	0.174
320010818	−13.04	0.541	−0.79	0.422	−10.65	0.642	−12.48	0.109
320010818	9.16	0.73	−41.81	0.744	−31.35	0.685	−1.67	0.09
320020705	−58.2	1.136	−54.74	1.107	−39.49	1.025	1.22	0.003
320050807	18.67	0.311	18.55	0.284	−2.23	0.418	9.71	0.098
320060507	−15.27	0.561	−14.81	0.36	−30.92	0.478	−1.68	−0.025
320060730	−19.01	0.594	−10.04	0.178	−81.51	0.978	−2.85	0.017
320060812	−8.93	0.564	−4.85	0.52	−17.3	0.52	−15.12	0.302
320060829	−0.61	0.547	−14.12	0.422	−14.68	0.517	−5.97	0.203
320090716	0.53	0.614	−1.78	0.521	−50.56	0.538	−8.1	0.067
320090719	−1.19	−0.175	17.98	−0.308	−19.9	−0.264	−15.97	0.07
320100807	−211.7	−0.401	14.45	−0.443	−230.16	1.053	−18.16	−0.029
320120728	−41.22	0.292	−12.65	0.008	−56.26	1.391	−44.11	0.137
320130804	−172.16	0.117	6.74	0.124	−218.21	1.588	−7.55	−0.036
精度提高场次占比	55/80	74/80	57/80	72/80	59/80	76/80	55/80	59/80

4.5 模型应用效果对比分析

分析表 4.10 可知,综合改进在保证计算输沙率相对误差减小的前提下,相比于各单项改进(时变植被结构改进、分段式时变植被结构改进、流域抗侵蚀能力曲线改进和系统微分响应修正),输沙率相对误差分别有 55 场、57 场、59 场和 55 场得到减小,减小场次数均超过总洪水场次的 50%,输沙率确定性系数提高的场次数分别为 74 场、72 场、76 场和 59 场,即综合改进后,相较于前三种改进,几乎所有场次洪水的确定性系数都得到了不同程度的提高,而相比于水沙模拟误差系统微分响应修正,也有超过 70% 的洪水的输沙率确定性系数得到提高。证明综合改进具有比单项改进具有明显的优势。

综合改进与各单项改进后模型计算的输沙率确定性系数对比如图 4.6 所示。由图 4.6 的点群也可以看出,对于岔巴沟流域绝大部分洪水,综合改进后模型计算的输沙率确定性系数与每一项单项改进相比,都得到了很大的提高,综合改进相较于各单项改进具有非常明显的优越性。

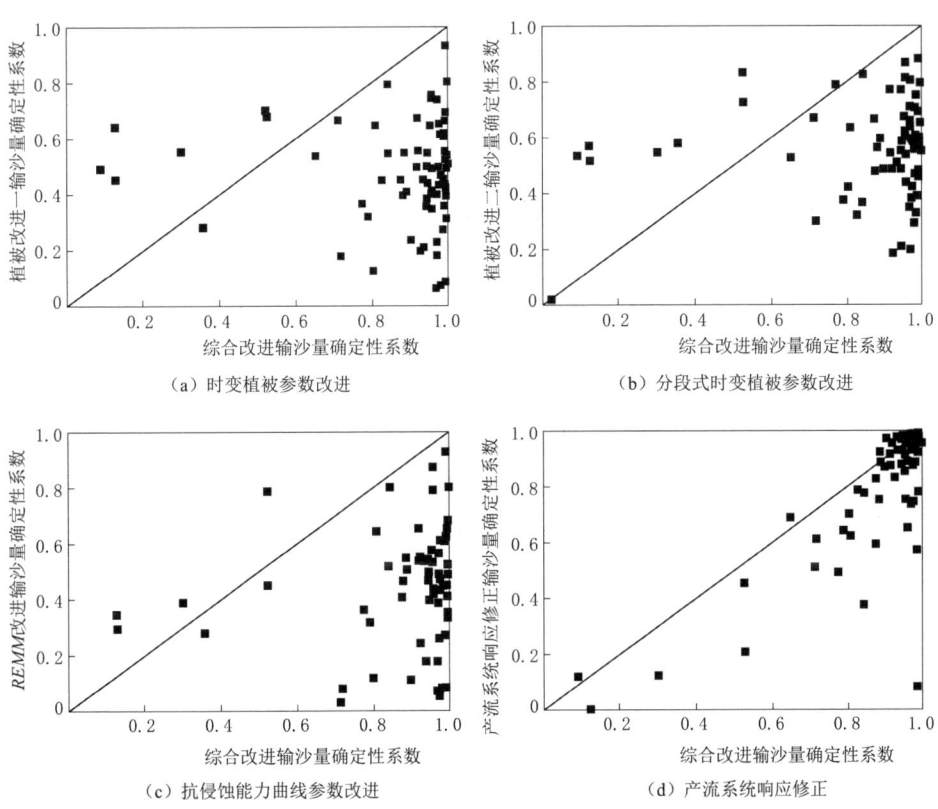

图 4.6 岔巴沟流域各单项改进与综合改进输沙率确定性系数对比图

表 4.11　岔巴沟流域综合改进相对于各单项改进的泥沙模拟结果对比汇总表

综合改进相比各单项改进	$\Delta\|eS\|$	$\Delta DC(SC)$	$eS<30\%$场次占比变化/%	eS减小场次占比/%	$DC(SC)$增大场次对比/%
相比时变植被参数	−8.8	0.485	20	68.75	92.5
相比分段式时变植被参数	−2.75	0.472	13.75	71.25	90
相比 REMM 改进	−17.76	0.682	25	73.75	95
相比系统微分响应修正	−6.14	0.087	8.75	68.75	73.75

表 4.11 统计了岔巴沟流域综合改进相比于各单项改进的平均计算结果汇总表。从表中可以看出，综合改进相比于各单项改进（时变植被参数结构、分段式时变植被参数结构、流域抗侵蚀能力曲线改进和产流系统微分响应修正），80 场洪水的平均输沙率相对误差均有所减小，分别减小了 8.8%、2.75%、17.76%和 6.14%，输沙率平均确定性系数均得到很大提高，分别提高了 0.485、0.472、0.682 和 0.087，输沙率模拟相对误差在 30%以内的洪水比例也都有所提高，分别提高了 20%、13.75%、25%和 8.75%。对比分析逐场次计算结果，综合改进与各单项改进计算结果相比，输沙率相对误差减小的次洪场次占比分别 68.75%、71.25%、73.75% 和 68.75%，$DC(SC)$ 增大场次占比分别 92.5%、90%、95%和 73.75%。证明综合改进后，泥沙计算精度远高于单项改进的精度。

4.5.2　综合改进后模型与原模型模拟效果对比

对比分析综合改进后的模型与原模型的模拟效果。模型综合改进前后岔巴沟流域每场洪水计算径流量/输沙率相对误差和确定性系数的变化见表 4.12。

表 4.12　模型综合改进前后岔巴沟流域模拟结果对比

洪号	$\Delta\|eR\|$	$\Delta DC(QC)$	$\Delta\|eS\|$	$\Delta DC(SC)$
319600705	−10.60	0.149	−36.77	0.302
319600711	−4.69	0.240	6.83	0.715
319600719	−18.24	0.168	−14.21	0.968
319600727	−8.33	0.102	−1.33	0.292
319610730	−17.05	0.115	−1119.22	73.714
319610813	0.48	0.548	11.57	−0.171
319610926	−18.43	0.169	−6.41	0.424
319620723	−25.58	−0.028	−75.31	1.689
319620801	−0.94	0.300	−23.76	0.509
319620811	−7.02	0.148	−0.22	0.621

续表

洪号	$\Delta|eR|$	$\Delta DC(QC)$	$\Delta|eS|$	$\Delta DC(SC)$
319630706	−5.34	0.344	−5.98	0.485
319630826	−4.38	0.176	−1115.70	82.492
319630828	−1.52	0.338	3.12	0.590
319640705	−15.57	0.437	−15.87	0.432
319640714	−6.67	0.063	−27.51	0.287
319640911	−6.64	0.480	−2.25	0.476
319640917	−5.83	0.423	−40.52	0.763
319660627	−5.83	0.071	−64.89	2.669
319660717	0.03	0.070	−692.90	65.642
319660809	−3.85	0.601	−34.17	0.688
319660815	6.80	0.243	−525.53	21.323
319680813	−35.29	0.474	−17.67	0.998
319700718	−6.04	0.236	−36.54	0.731
319700731	−4.64	0.264	−338.72	20.199
319700807	−6.49	0.264	−272.93	8.438
319700827	−2.12	0.366	−529.34	23.692
319710723	4.34	0.024	−485.13	58.028
319720719	−12.76	0.186	−270.08	8.590
319720731	−16.43	0.090	−12.12	0.582
319730630	−7.25	0.671	−28.42	0.598
319730717	−9.51	0.322	−31.85	0.518
319730815	−2.76	0.674	−15.47	0.621
319730908	−4.52	0.033	−15.20	0.495
319730911	−14.79	0.235	10.83	0.418
319740731	−9.73	0.289	11.98	0.655
319770805	0.86	0.079	2.54	0.564
319770811	−9.75	0.269	−27.68	0.661
319780726	−7.52	0.497	−240.73	9.271
319780807	−13.53	0.826	−476.11	82.290
319780829	−7.94	0.202	11.25	0.209
319780911	−12.62	0.281	−44.75	−0.250
319790723	−4.08	0.114	−27.33	0.444

续表

洪号	$\Delta\lvert eR\rvert$	$\Delta DC(QC)$	$\Delta\lvert eS\rvert$	$\Delta DC(SC)$
319800718	−2.35	0.438	19.04	−0.355
319810707	−8.91	0.038	−7.62	0.230
319820708	−7.23	0.226	−13.48	−0.046
319820730	−5.56	0.389	15.22	0.466
319830726	−15.12	0.091	−538.44	43.655
319830904	−12.37	0.229	−5.13	0.392
319850619	−1.56	0.098	−16.39	0.008
319850812	−5.73	0.115	9.35	0.122
319860703	−5.19	0.088	−1.75	0.434
319860721	0.00	0.215	6.02	0.590
319870826	−19.67	0.512	−21.78	0.392
319880713	−6.70	0.156	−53.08	1.006
319880715	−7.20	0.322	6.01	0.372
319880807	−5.87	0.389	6.22	0.406
319890716	−9.81	0.261	−34.10	0.825
319890721	−1.06	0.155	18.94	0.554
319900704	−3.73	0.298	−34.48	0.678
319900725	−4.26	0.173	−32.25	0.639
319900827	0.56	0.169	−3.33	0.599
319910607	−3.26	0.198	−345.09	9.356
319910610	−3.92	0.142	12.04	0.122
319950826	4.56	0.167	−38.14	0.818
319950904	−1.00	0.220	−36.21	0.480
319970731	−1.83	0.048	−37.41	0.703
319980712	−14.94	0.497	23.98	−0.173
320010818	1.89	0.379	−5.47	0.401
320010818	−6.94	0.395	−50.42	1.679
320020705	−0.82	0.867	−44.68	1.113
320050807	−4.23	0.094	−3.78	0.432
320060507	−9.09	0.373	−16.04	0.653
320060730	−1.02	0.381	−23.69	0.280
320060812	−3.89	0.492	−194.83	3.755

续表

洪号	$\Delta|eR|$	$\Delta DC(QC)$	$\Delta|eS|$	$\Delta DC(SC)$
320060829	4.31	0.605	−10.73	0.425
320090716	−0.39	0.410	−29.30	0.622
320090719	−6.71	0.294	−35.43	−0.305
320100807	−16.95	0.338	−279.39	1.480
320120728	−2.38	2.105	−72.82	2.581
320130804	−7.96	0.688	−243.76	1.663
精度提高场次占比	70/80	79/80	64/80	74/80

分析表 4.12 可以发现，模型综合改进后，岔巴沟流域 80 场洪水中有 70 场洪水的径流量相对误差得到减小，79 场洪水流量确定性系数得到提高，64 场洪水输沙率相对误差得到减小，74 场洪水的输沙率确定性系数均得到提高，证明综合改进切实有效。

进一步对比分析其他几个流域的模拟结果，模型综合改进前后各流域水沙计算结果对比见表 4.13 和表 4.14。分析表 4.13 可以发现，模型综合改进后水流模拟计算精度普遍提高。从产流量相对误差来看，除岔巴沟流域外，其他 7 个流域的平均产流量相对误差均得到减小，而岔巴沟流域模型综合改进前后的平均产流量相对误差分别为 −1.59% 和 −1.82%，改进前后误差均很小，因此不算是降低了计算精度；从各流域逐场次洪水（或逐年日资料）计算产流量相对误差变化情况来看，每个流域计算产流量相对误差减小的场次（或年份）占比均达到 70% 以上，且除王茂沟流域是 72.7% 以外，其他 7 个流域的计算产流量相对误差减小的场次（或年份）占比均达到 80% 以上，表明各流域逐场次洪水（或逐年日资料）的产流量计算精度普遍提高；从确定性系数来看，所有 8 个流域的计算流量的平均确定性系数均有所提高，且各流域逐场次洪水（或逐年日资料）的流量确定性系数增大场次（或年份）占比均达到了 80% 以上，除王茂沟是 81.8% 外，其他 7 个流域流量确定性系数增大的场次（或年份）占比甚至达到 90% 以上；从径流量相对误差小于 20% 的场次占比来看，8 个流域均有所提高，且大流域提高的程度大于小流域。

表 4.13　　　模型综合改进前后各流域水流计算结果对比

流域代码	流域名	$\Delta|eR|$	eR 减小场次占比/%	$\Delta DC(QC)$	DC(QC) 增大场次占比/%	eR<20%场次占比变化/%
1	王茂沟	−3.75	72.7	0.383	81.8	9.1
2	韭园沟	−0.22	87.5	0.307	93.8	6.2
3	岔巴沟	0.23	87.5	0.293	98.8	3.7

续表

流域代码	流域名	Δ|eR|	eR减小场次占比/%	ΔDC(QC)	DC(QC)增大场次占比/%	eR<20%场次占比变化/%
4	大理河	−11.87	88.6	0.194	94.9	11.4
5	窟野河	−4.05	88.2	0.284	91.1	17.7
6	北洛河	−11.37	87.9	0.318	93.9	15.2
7	渭河	−7.49	89.2	0.361	91.9	13.5
8	河龙区间	−10.26	91.4	0.398	94.3	20.0

分析表4.14可以发现，模型综合改进后，泥沙模拟计算精度也得到了普遍提高。从输沙率相对误差来看，8个流域的计算输沙率相对误差均得到减小；从各流域逐场次洪水（或逐年日资料）计算输沙率相对误差变化情况来看，每个流域计算输沙率相对误差减小的场次（或年份）占比均达到60%以上，且除王茂沟流域和韭园沟流域是63.6%和68.8%以外，其他6个流域的计算输沙率相对误差减小的场次（或年份）占比均达到80%以上，表明各流域逐场次洪水（或逐年日资料）的输沙率计算精度普遍提高，而王茂沟流域和韭园沟流域的计算输沙率误差提高场次占比相对较小是因为这两个流域的资料年份较短，均在突变年份1979年以前，原模型的模拟精度就相对较好；从确定性系数来看，所有8个流域的计算输沙率的平均确定性系数均得到很大提高，且各流域逐场次洪水（或逐年日资料）的输沙率确定性系数增大场次（或年份）占比均达到了80%以上，采用洪水资料计算的中小流域输沙率确定性系数增大的场次占比甚至达到90%以上；从输沙率模拟相对误差在30%以内的占比来看，8个流域均有所提高，且泥沙计算精度的提高程度大于水流计算精度提高的程度，大流域模拟精度提高的程度大于小流域提高程度。

表4.14　　模型综合改进前后各流域泥沙计算结果对比

流域代码	流域名	Δ|eS|	eS减小场次占比/%	ΔDC(SC)	DC(SC)增大场次占比/%	eS<30%场次占比变化/%
1	王茂沟	−12.65	63.6	0.325	100.0	27.3
2	韭园沟	−18.19	68.8	0.431	100.0	18.7
3	岔巴沟	−95.62	80.0	6.871	92.5	40.0
4	大理河	−87.55	87.3	0.983	100.0	45.6
5	窟野河	−72.33	88.2	0.486	88.2	26.4
6	北洛河	−88.67	90.9	17.234	87.9	36.4
7	渭河	−24.69	81.1	0.978	83.8	29.8
8	河龙区间	−66.05	82.9	11.955	85.7	40.1

4.5.3 不同尺度流域应用效果对比

综合改进后的水沙物理概念模型在黄土高原不同尺度不同特征的 8 个典型流域的水流和泥沙模拟结果，见表 4.15。

表 4.15　综合改进后模型在不同尺度流域应用效果汇总表

流域代码	流域名	$eR/\%$	$DC(QC)$	$eR<20\%$场次占比/%	$eS/\%$	$DC(SC)$	$eS<30\%$场次占比/%
1	王茂沟	−4.22	0.834	100	−0.77	0.733	100
2	韭园沟	−3.04	0.870	100	0.66	0.859	100
3	岔巴沟	−1.82	0.809	100	−2.90	0.869	95
4	大理河	0.93	0.811	96.2	−2.01	0.922	100
5	窟野河	6.05	0.743	94.1	−6.62	0.628	88.2
6	北洛河	−0.93	0.714	93.9	1.63	0.610	87.9
7	渭河	2.31	0.713	94.6	2.77	0.595	86.5
8	河龙区间	−1.59	0.712	100	−1.47	0.590	88.6
均值		−0.29	0.776	97.35	−1.09	0.726	93.28

分析表 4.15 可发现以下结论。

(1) 总体来看，综合改进后的水沙物理概念耦合模型在黄土高原 8 个不同尺度不同特征的流域应用效果均较好，8 个流域平均产流量相对误差和输沙率相对误差均较小，分别为−0.29%和−1.09%，径流量相对误差在 20%以内的场次占比高达 97.35%，平均流量确定性系数为 0.776，输沙率模拟相对误差在 30%以内的比例达 93.28%，平均输沙率确定性系数为 0.726。

(2) 总体来说，8 个流域的水流模拟效果要好于泥沙模拟效果，这是由于泥沙运动过程相比水流运动过程影响因素更多更复杂，且泥沙的侵蚀计算本身就受到水流模块计算误差的影响，故泥沙计算精度略低于水流计算精度情有可原。

(3) 王茂沟流域、韭园沟流域、岔巴沟流域和大理河流域均为次洪资料，窟野河流域、北洛河流域、渭河流域和河龙区间均为逐日资料，分析表中 8 个流域的流量和输沙率的确定性系数可以发现，大流域日数据的水流和泥沙模拟效果普遍比次洪水流和泥沙过程模拟效果差，这是由于次洪资料均为瞬时资料，资料精度相对较高，而逐日资料均为日平均数据，数据均化会产生均化误差。黄土高原地区产流方式以超渗产流为主，均化误差造成的影响更为突出，如一场降水时间比较集中且降水强度较大的降水，实际发生时会产生径流和土壤侵蚀，但在进行日平均计算后，模型计算产流和产沙偏小甚至不产流或产沙。因此，日资料模拟结果相比于次洪资料精度要低。

(4)对于中小流域次洪泥沙资料模拟，流域面积越大，流域平均输沙率确定性系数越高，模型模拟效果越好；对于大流域日资料模拟，流域面积越大，流域平均输沙率确定性系数越小，模型模拟精度越低。

4.6 本章小结

本章将时变植被参数结构、时变流域抗侵蚀能力曲线和系统微分响应修正方法同时运用到水沙物理概念模型中，对原模型进行综合改进，构建出适用于变化环境下黄土高原流域通用的水沙物理概念模拟模型。选取黄土高原流域8个不同尺度不同特征的实际流域对综合改进后的模型进行应用效果检验和对比分析，得到的结论如下：

（1）与改进前模型模拟结果相比，综合改进后的模型水流和泥沙的计算精度均得到极大的提高，综合改进后水沙模型在8个流域的径流量相对误差在20%以内的场次占比均在90%以上，输沙率模拟相对误差在30%以内的比例均在80%以上，各流域产流量和输沙率相对误差普遍减小，流量和输沙率确定性系数普遍提高，水流和泥沙模拟精度普遍提高，证明模型综合改进合理且有效。

（2）综合改进后的模型模拟效果远高于各单项改进的模拟效果。

（3）综合改进后的模型在时间上不再存在系统偏差，说明模型在变化环境下也能保持稳定和较高的计算精度。

（4）综合改进后的水沙物理概念耦合模型在黄土高原不同尺度不同特征的流域应用效果均非常好，证明改进后的水沙模型在空间上具有通用性，克服了目前大多数水沙模型只是在某典型流域（或试验流域）适用的问题。

（5）总体来说，模型水流模拟效果要好于泥沙模拟效果，这是由于泥沙运动过程相比水流运动过程影响因素更多更复杂，且泥沙计算本身就受到水流模块计算误差的影响，故泥沙计算精度略低于水流计算精度。

（6）大流域日数据的水流和泥沙模拟效果普遍比次洪水流和泥沙过程模拟效果差，这是由于次洪资料均为瞬时资料，资料精度相对较高，而逐日资料均为日平均数据，数据均化会产生均化误差。黄土高原地区产流方式以超渗产流为主，均化误差造成的影响更为突出。

（7）对于中小流域次洪泥沙资料模拟，流域面积越大，流域平均输沙率确定性系数越高，模型模拟效果越好；对于大流域日资料模拟，流域面积越大，流域平均输沙率确定性系数越小，模型模拟精度越低。

第5章 结论与展望

5.1 结　论

　　黄河水沙锐减问题是近年来研究的热点和难点，先后有许多学者和科研单位对黄河水沙变化问题展开研究，并取得了众多研究成果。目前，我国评价水土保持措施减水减沙效果的主要方法有水文法、水土保持法、相关法和模型法。水文法以水文统计为基础，缺少机理性分析，数据统计方法往往存在着很多的不足，不同分析方法得出的结果各不相同，成果往往不具有说服力；水土保持法要设置试验区、监测站，长期观测成本高，分析范围小，代表性差，因此难以推广使用；相关法缺乏物理成因基础，结果可靠性差。水沙模型一直是定量描述水沙关系及水沙规律的重要工具。因此，不同时期、不同植被类型、不同区域等下垫面变化环境下，黄土高原产流产沙机理的变化规律以及精确的流域水沙模拟计算仍是当前及未来研究的重点。

　　具有物理成因的物理概念模型一直是国内外学者研究的重点方向，该类模型可以模拟土壤侵蚀的过程，并且能够通过调控参数的变化来反映模拟过程的变化。目前的水沙物理概念模型通常是基于气候和下垫面条件长期平稳的假设构建的，然而，当研究流域的下垫面发生较大的变化时，依据历史资料率定的模型参数不再适用，使得模型模拟的不确定性增加。并且，目前大多数有关水土保持措施对水沙关系的影响和水沙模拟模型的研究都局限于某个试验流域或典型区域，研究从某个小流域考虑多，而从整个黄土高原考虑的少，从局部考虑多，而从系统上考虑较少。

　　因此，本书在综合分析了黄土高原水沙变化特征和水沙变化影响因素的基础上，研究气候条件、下垫面变化协同作用下，黄土高原流域产水产沙响应机制及变化规律，结合黄土高原水沙变化的主要影响因素，从三个方面改进包为民教授提出的水沙物理概念模型，发展适用于变化环境下的黄土高原通用的水沙耦合概念模型，为国家的治黄重大问题决策提供科技支撑。本书取得的主要成果如下。

　　（1）运用滑动平均法、线性倾向估计和累积距平法分析了黄土高原整体及其各子流域年径流量和年输沙量的变化趋势。从趋势分析的结果来看，黄土高原水沙整体呈显著减小的趋势，各子流域除北洛河流域年径流量变化趋势不显著外，其余各子流域水沙均呈显著下降趋势。

（2）在黄土高原水沙序列突变点分析过程中，本书提出一种新的检测时间序列均值突变的方法——滑动平均差检测法。通过构造理想时间序列，对该方法和目前广泛使用的四种突变点检测方法——MK突变检验法、Pettitt法、OC法和BG分割法进行比较分析，发现滑动平均差检测法能同时检测出时间序列的多个突变点及相应的突变强度，与现有常用的四种检测方法相比较具有四个明显的优势：①结构简单、直观易理解；②检测突变点更精确；③能同时检测突变位置和其突变强度；④能一次检测出所有突变点，为流域水沙突变点检测提供了较为科学、准确的方法，值得推广使用。

（3）用滑动平均差检测法、BG分割法、OC法和Pettitt法对黄土高原及其子流域年径流量序列和年输沙量序列进行突变检验，进一步验证滑动平均差检测法的合理性和优越性，综合各方法的结果，找出了水沙序列中的所有可信突变点。结果表明，黄土高原各个流域水沙突变点大致集中于20世纪70年代初、70年代末80年代初、90年代末至2002年这三个时期，水沙变化并不同步，水沙变化的突变年份也具有非一致性的特点。

（4）从降水变化和人类活动两方面入手，分析导致黄土高原水沙发生突变的影响因素。统计分析发现，黄土高原年降水量变化程度较小，而降水-径流和降水-输沙的关系却随时间发生了较大变化，表明人类活动对黄土高原水沙影响程度越来越大。采用双累积曲线法分析降水量与水沙关系之间的变化和响应关系，计算降水量与人类活动因子对水沙关系变化的贡献率。计算结果表明，人类活动是黄土高原水沙锐减的主要驱动力，且人类活动对流域输沙的影响大于对径流的影响，对汾河流域和北洛河流域输沙量减小的贡献率甚至达到80%以上。人类活动的影响主要是20世纪60—80年代黄河流域第一期水土保持措施的推广实施、水利工程的修建，90年代末开始的二期水土保持工程的开展以及2002年开始的新一轮淤地坝建设。流域下垫面变化尤其植被覆盖度的变化是引起流域水沙变化的主要因素。

（5）基于水沙变化特征和影响因素分析，从以下三个方面对包为民教授提出的水沙耦合物理概念模型进行改进。

1）基于对流域NDVI数据的突变分析，构建NDVI数据与年份之间的函数关系，采用此函数关系构建时变的植被参数结构，改进原模型的静态参数，使模型泥沙模拟精度得到提高，平均输沙率相对误差由98.52%减小至11.7%，输沙率相对误差小于30%场次占比由55%提高至75%，模型泥沙计算系统偏差得到一定程度的改善。在此基础上，作者又结合流域年输沙量序列突变分析结果，构建了分段式时变植被参数结构，使模型模拟精度进一步提高，平均输沙率相对误差进一步减小至-5.65%，输沙率相对误差小于30%场次占比进一步提高至 81.25%，且分段式时变植被参数结构可基本消除由于流域植被覆盖度突然增加导致的模型系统偏差。

2) 采用指数结构改进流域抗侵蚀能力曲线中的敏感参数——坡面最大抗侵蚀能力 $REMM$，计算结果表明，该项改进能有效减小模型泥沙模拟误差，使模型计算输沙率相对误差由 98.52% 减小至 20.66%，输沙率相对误差在 30% 以内的比例由 55% 提高至 70%，同时也在一定程度上减小了原模型的系统偏差。

3) 采用系统微分响应修正方法对模型计算产流量进行误差反演修正，提高了水流模块模拟精度，同时减小水流计算误差对泥沙模块的影响。岔巴沟流域的应用结果表明，采用系统微分响应修正方法修正产流误差之后，径流量相对误差在 20% 以内的场次占比由原来的 96.3% 提高至 100%，流量平均确定性系数由 0.516 提高至 0.809，极大提高了水流计算的精度；输沙率平均相对误差由 98.52% 减小至 9.04%，输沙率模拟相对误差在 30% 以内的比例由 55% 提高至 91.25%，计算输沙率平均确定性系数由 -6.002 提高至 0.782。证明系统响应反演修正方法能大大提高水沙模型模拟精度。

(6) 将时变植被参数结构、时变流域抗侵蚀能力参数结构和系统微分响应修正修正方法同时运用到水沙物理概念模型中，对原模型进行综合改进。选取黄土高原流域 8 个不同尺度不同特征的实际流域对综合改进后的模型进行应用效果检验，发现综合改进后模型在各个流域的模拟精度均得到很大的提高，且综合改进效果远高于各单项改进的效果。综合改进后的模型，在时间上不再存在系统偏差，表明模型在变化环境下能有较高的计算精度和稳定性，模型在黄土高原不同尺度不同特征的流域应用效果均非常好，表明其在黄土高原具有通用性，克服了目前大多数水沙模型只是在某典型流域（或试验流域）适用的问题，值得推广和使用。

5.2 展 望

本书在基于对黄土高原水沙变化特征和影响因素分析的基础上，对现有的水沙物理概念模型进行了改进，将改进后的模型应用于黄土高原大中小不同尺度的 8 个典型流域进行应用检验，验证了改进模型的优越性、稳定性与通用性。但本书仍存在一些不足之处和有待继续研究的内容。

(1) 本书提出的时变植被参数结构和时变流域抗侵蚀能力曲线结构基本解决了模型的系统误差问题，大大提高了模型的模拟精度，但是否还有其他更好的时变结构形式，是未来研究工作中要继续研究的内容。

(2) 本书中模型改进后并不是每场洪水计算精度都得到了提高，有的洪水模拟精度在误差许可范围内略微下降。由于时间有限,这些洪水模拟精度下降的原因尚未研究和分析,这是在未来工作中要进一步研究的内容。

(3) 如何将高分辨率遥感信息和土地利用等空间分布信息更好地运用到水沙模型中去,将模型发展成分布式的水沙模拟模型,是未来研究工作中要继续深入研究的另一内容。

参 考 文 献

[1] 胡春宏. 黄河水沙变化与下游河道改造 [J]. 水利水电技术, 2015, 46 (6): 10-15.

[2] ZUO D P, XU Z X, YAO W Y, et al. Assessing the effects of changes in land use and climate on runoff and sediment yields from a watershed in the Loess Plateau of China [J]. Sci Total Environ, 2016, 544: 238-250.

[3] 许钦, 任立良, 刘九夫. 基于 DEM 的黄河多沙粗沙区分布式水沙耦合模型研究 [J]. 工程科学与技术, 2008, (6): 63-68.

[4] 包为民, 侯露, 沈丹丹, 等. 黄土高原大理河流域水沙耦合模型应用研究 [J]. 湖泊科学, 31 (4): 1120-1131.

[5] 梁伟. 气候变化背景下黄土高原生态建设的水文效应研究 [D]. 西安: 西安理工大学, 2015.

[6] 许钦, 任立良. 考虑水土保持措施的分布式水文泥沙耦合模型研究 [J]. 水利学报, 2007, 38 (S1)

[7] 袁水龙, 李占斌, 李鹏, 等. 基于 MIKE 模型的不同淤地坝型组合情景对小流域侵蚀动力和输沙量的影响 [J]. 水土保持学报, 2019, 33 (4): 30-36.

[8] ZHENG S, WU B S, WANG K R, et al. Evolution of the Yellow River delta, China: Impacts of channel avulsion and progradation [J]. International Journal of Sediment Research, 2017, 32 (1): 34-44.

[9] 孙昭敏, 吴志勇, 何海, 等. 基于改进 VIC 模型的岔巴沟流域水沙耦合模拟研究 [J]. 水电能源科学, 2020, 38 (3): 36-39, 103.

[10] SERINALDI F, KILSBY C G, LOMBARDO F. Untenable nonstationarity: An assessment of the fitness for purpose of trend tests in hydrology [J]. Advances in Water Resources, 2018, 111: 132-155.

[11] 骆敬新, 范文静. 基于线性倾向估计和预测方法的渤海沿海暑期气候舒适度变化研究 [J]. 海洋信息, 2019, 34 (4): 32-36.

[12] 魏凤英. 现代气候统计诊断与预测技术 [M]. 2 版. 北京: 气象出版社, 2007.

[13] ZHANG X P, ZHANG L, ZHAO J, et al. Responses of streamflow to changes in climate and land use/cover in the Loess Plateau, China [J]. Water Resources Research, 2009, 44 (7): 2183-2188.

[14] KISI O, AY M. Comparison of Mann-Kendall and innovative trend method for water quality parameters of the Kizilirmak River, Turkey [J]. Journal of Hydrology, 2014, 513: 362-375.

[15] 刘成, 何耘, 张红亚. 水沙动态图法分析中国主要江河水沙变化 [J]. 水科学进展, 2008, (3): 317-324.

[16] ZHAO J Y, YIE P, SONG Y F, et al. Synthetic duration curve method for the design of the lowest navigable water level with inconsistent characters in dry seasons [J]. Ying yong sheng tai xue bao=The journal of applied ecology, 2018, 29 (4): 1079-1088.

[17] 姜瑶,徐宗学,王静. 基于年径流序列的五种趋势检测方法性能对比[J]. 水利学报, 2020, 51(7): 845-857.

[18] 廖小龙,王贤平,黎开志,等. 珠江河口水沙情势变化及响应对策研究[J]. 人民珠江, 2010, 31(6): 6-9.

[19] Van Rossum H H, Kemperman H. A method for optimization and validation of moving average as continuous analytical quality control instrument demonstrated for creatinine [J]. Clinica Chimica Acta, 2016, 457: 1-7.

[20] Van Rossum H H. Moring average quality control: principles, pracital application and fature perspectives[J]. Clinical Chemistry and Laboratory Medicine, 2019, 57(6): 773-782.

[21] LU J W, PENG J, CHEN J Y, et al. Prediction method of autoregressive moving average models for uncertain time series[J]. International Journal of General Systems, 2020(24): 1-27.

[22] CAI B L, MIAO Y, LIU Y, et al. Nuclear Multidrug-Resistance Related Protein 1 Contributes to Multidrug-Resistance of Mucoepidermoid Carcinoma Mainly via Regulating Multidrug-Resistance Protein 1: A Human Mucoepidermoid Carcinoma Cells Model and Spearman's Rank Correlation Analysis[J]. Plos One, 2013, 8(8): e69611.

[23] ABİDİN D, ÇAKIR H Ş. Analysis of a rule-based curriculum plan optimization system with Spearman rank correlation[J]. Turkish Journal of Electrical Engineering & Computer Sciences, 2014, 22(1): 176-190.

[24] ZHAO H. The Simulation Experiment and Research on an Improved Cumulative Sum Anomaly Detection Method[J]. Applied Mechanics and Materials, 2015, 743: 219-225.

[25] 姚文艺,焦鹏. 黄河水沙变化及研究展望[J]. 中国水土保持, 2016, 9: 55-63, 93.

[26] 杨梅学,姚檀栋. 气候突变及其研究进展[J]. 大自然探索, 1999, 18(6): 29-33.

[27] GOOSSENS C, BERGER A. How to Recognize an Abrupt Climatic Change[M]. Netherlands: springer, 1987.

[28] 刘群群,何文平,顾斌. 非线性动力学方法在气候突变检测中的应用[J]. 物理学报, 2015, 17: 428-436.

[29] 方修琦,张学珍,戴玉娟,等. 1951—2005年中国大陆冬季温度变化过程的区域差异[J]. 地理科学, 2010, 30(4): 571-576.

[30] 符传博,唐家翔,丹利,等. 1960—2013年我国霾污染的时空变化[J]. 环境科学, 2016, 9: 3237-3248.

[31] 汪丽娜,陈晓宏,李粤安,等. 水文时间序列突变点分析的启发式分割方法[J]. 人民长江, 2009, 40(9): 15-17.

[32] HOROWITZ A J. A quarter century of declining suspended sediment fluxes in the Mississippi River and the effect of the 1993 flood[J]. Hydrological Processes, 2010, 24(1): 13-34.

[33] HOLIFIELD COLLINS C D, STONE J J, CRATIC L. Runoff and sediment yield relationships with soil aggregate stability for a state-and-transition model in southeastern

Arizona [J]. Journal of Arid Environments, 2015, 117: 96-103.

[34] 吴志勇, 陆桂华, 刘志雨, 等. 气候变化背景下珠江流域极端洪水事件的变化趋势 [J]. 气候变化研究进展, 2012, 8 (6): 403-408.

[35] 武晓航, 郑德凤. 辽宁省近50年降水量的突变特征及变化趋势分析 [J]. 环境科学与管理, 2013, (1): 50-54.

[36] FENG G L, GONG Z Q, DONG W J, et al. Abrupt climate change detection based on heuristic segmentation algorithm [J]. Acta Physica Sinica, 2005, 54 (11): 5494-5499.

[37] 李自成, 孙玉坤. APF谐波电流检测的积分法与低通滤波法的比较研究 [J]. 电测与仪表, 2009, 46 (3): 35-39.

[38] Dologlou I, Garayannis G. A reply to â some remarks on the halting criterion for iterative low-pass filtering in a recently proposed pitch detection algorithmâ by G. Hult [J]. North-Holland, 1991, 10 (3): 227-228.

[39] GUNNAR H. Some remarks on a halting criterion for iterative low-pass filtering in a recently proposed pitch detection algorithm [J]. Speech Communication, 1991, 10 (3): 227-228.

[40] SARANGI S K, PANDA R, ABRAHAM A. Design of Optimal Low-pass Filter By a New Levy Swallow Swarm Algorithm [J]. Soft Computing, 2020, 24 (23): 18113-18128.

[41] 刘赛艳, 黄强, 解阳阳, 等. 大通河流域上游径流变化特征与突变分析 [J]. 西北农林科技大学学报 (自然科学版), 2016, 44 (3): 219-226.

[42] 何文平. 动力学结构突变检测方法的研究及其应用 [D]. 兰州: 兰州大学, 2008.

[43] 王秀萍, 金巍. 1964—2013年大连地区暴雨气候特征及变化规律 [J]. 气象与环境学报, 2015, 31 (3): 75-80.

[44] 汪平, 吴晓庆. 合肥地区近60年由冬入春气温突变点的研究 [J]. 大气与环境光学学报, 2013, 8 (2): 101-106.

[45] 李艳玲, 畅建霞. 基于Morlet小波的径流突变检测 [J]. 西安理工大学学报, 2012, 28 (3): 322-325.

[46] 袁满, 王文圣, 叶濒璘. 有序聚类分析法的改进及其在水文序列突变点识别中的应用 [J]. 水文, 2017, 5: 8-11.

[47] 唐共地, 包赢. 基于有序聚类分析法和Mann-Kendall法的水沙系列突变点研究 [J]. 江淮水利科技, 2015, 6: 35-37.

[48] 王金花, 张荣刚, 张攀, 等. 两种水沙系列突变点算法的对比分析: 以内蒙古皇甫川为例 [J]. 中国水土保持, 2009, 12: 43-44.

[49] 王金花, 康玲玲, 赵广福. 基于Mann-Kendall法的水沙系列突变点研究 [J]. 人民黄河, 2010, 1: 43, 45.

[50] HAMED K H, RAO A R. A modified Mann-Kendall trend test for autocorrelated data [J]. Journal of Hydrology, 1998, 204 (1-4): 182-196.

[51] PETTITT A N. A Non-Parametric Approach to the Change-Point Problem [J]. Journal of the Royal Statistical Society Series C (Applied Statistics), 1979, 28 (2): 126-135.

[52] 杨建英, 赵廷宁. 坡面侵蚀研究现状及展望 [J]. 北京林业大学学报, 1994, 1: 95-101.

[53] 李辉, 张椈. 漳泽水库入库径流变化趋势及影响因素分析 [J]. 中国防汛抗旱, 2013, 5: 35-37.

[54] BERNAOLA-GALVAN P, IVANOV P C, NUNES AMARAL L A, et al. Scale invariance in the nonstationarity of human heart rate [J]. Phys Rev Lett, 2001, 87 (16): 168105.

[55] 封国林, 龚志强, 董文杰, 等. 基于启发式分割算法的气候突变检测研究 [J]. 物理学报, 2005, 54 (11): 5494-5499.

[56] 冉大川, 刘斌, 付良勇, 等. 双累积曲线计算水土保持减水减沙效益方法探讨 [J]. 人民黄河, 1996, 06): 24-25.

[57] 付艳玲. 近50年来黄河中游典型流域水沙变化趋势分析 [D]. 杨凌: 西北农林科技大学, 2011.

[58] LI Q Y, SUN Y W, YUAN W L, et al. Streamflow responses to climate change and LUCC in a semi-arid watershed of Chinese Loess Plateau [J]. Journal Of Arid Land, 2017, 9 (4): 609-621.

[59] GOCIC M, TRAJKOVIC S. Analysis of changes in meteorological variables using Mann-Kendall and Sen's slope estimator statistical tests in Serbia [J]. Global and Planetary Change, 2013, 100: 172-182.

[60] 王乐平. 基于小波变换的黄河下游水沙变化特征及其成因分析 [D]. 太原: 太原理工大学, 2015.

[61] 杨志峰, 李春晖. 黄河流域天然径流量突变性与周期性特征 [J]. 山地学报, 2004, 2: 140-146.

[62] 张应华, 宋献方. 水文气象序列趋势分析与变异诊断的方法及其对比 [J]. 干旱区地理, 2015, 38 (4): 652-665.

[63] 王秀杰, 杨敏, 崔海军. 黄河潼关汛期水沙变化周期及其趋势分析 [J]. 自然资源学报, 2009, 2: 312-317.

[64] 丁艳峰, 潘少明, 许祝华. 近50年来黄河入海径流量变化的初步分析 [J]. 海洋开发与管理, 2009, 5: 67-73.

[65] 郭素荣. 1960—2010年青海省气候变化的时空特征分析 [D]. 兰州: 西北师范大学, 2012.

[66] 岳晓丽. 黄河中游径流及输沙格局变化与影响因素研究 [D]. 杨凌: 西北农林科技大学, 2016.

[67] 肖培青, 王玲玲, 杨吉山, 等. 大暴雨作用下黄土高原典型流域水土保持措施减沙效益研究 [J]. 水利学报, 2020, 51 (9): 8.

[68] 姚文艺, 冉大川, 陈江南. 黄河流域近期水沙变化及其趋势预测 [J]. 水科学进展, 2013, 5: 607-616.

[69] 高鹏. 黄河中游水沙变化及其对人类活动的响应 [D]. 北京中国科学院研究生院 (教育部水土保持与生态环境研究中心), 2010.

[70] YANG H B, LI E C, ZHAO Y, et al. Effect of water-sediment regulation and its impact on coastline and suspended sediment concentration in Yellow River Estuary [J]. Water Science and Engineering, 2017, (4).

[71] WANG S J, YAN M, YAN Y X, et al. Contributions of climate change and human ac-

tivities to the changes in runoff increment in different sections of the Yellow River [J]. Quaternary International, 2012, 282 (282): 66-77.

[72] WANG H J, BI N S, SAITO Y, et al. Recent changes in sediment delivery by the Huanghe (Yellow River) to the sea: causes and environmental implications in its estuary [J]. Journal of Hydrology, 2010, 391 (3-4): 302-313.

[73] SHI H L, HU C H, WANG Y G, et al. Analyses of trends and causes for variations in runoff and sediment load of the Yellow River [J]. International Journal of Sediment Research, 2017, 32 (2): 171-179.

[74] PENG G, ZHANG X C, MU X M, et al. Trend and change-point analyses of streamflow and sediment discharge in the Yellow River during 1950—2005 [J]. International Association of Scientific Hydrology Bulletin, 2010, 55 (2): 275-285.

[75] MIAO C Y, NI J R, BORTHWICK A G L, et al. A preliminary estimate of human and natural contributions to the changes in water discharge and sediment load in the Yellow River [J]. Global & Planetary Change, 2011, 76 (3-4): 196-205.

[76] GAO P, MU X M, WANG F, et al. Changes in streamflow and sediment discharge and the response to human activities in the middle reaches of the Yellow River [J]. Hydrology & Earth System Sciences Discussions, 2010, 7 (5): 347-350.

[77] JIAO J Y, WANG Z J, ZHAO G J, et al. Changes in sediment discharge in a sediment-rich region of the Yellow River from 1955 to 2010: implications for further soil erosion control [J]. Journal Of Arid Land, 2014, 6 (5): 540-549.

[78] 胡春宏, 张晓明, 赵阳. 黄河泥沙百年演变特征与近期波动变化成因解析 [J]. 水科学进展, 2020, 31 (05): 725-733.

[79] 刘红珍, 李海荣, 张志红, 等. 龙羊峡、刘家峡水库对潼关中常洪水的影响 [J]. 人民黄河, 2010, 32 (10): 60-62.

[80] 王光谦, 钟德钰, 吴保生. 黄河泥沙未来变化趋势 [J]. 中国水利, 2020, 01: 9-12, 32.

[81] 赵澂. 窟野河流域水沙演变的尺度效应驱动因素研究 [D] 北京: 中国水利水电科学研究院, 2016.

[82] RUSTOMJI P, ZHANG X P, HAIRSINE P B, et al. River sediment load and concentration responses to changes in hydrology and catchment management in the Loess Plateau region of China [J]. Water Resources Research, 2008, 44 (7): 148-152.

[83] TIAN P, MU X M, LIU J L, et al. Impacts of Climate Variability and Human Activities on the Changes of Runoff and Sediment Load in a Catchment of the Loess Plateau, China [J]. Advances In Meteorology, 2016, 2016: 1-15.

[84] 李二辉, 穆兴民, 赵广举. 1919—2010 年黄河上中游区径流量变化分析 [J]. 水科学进展, 2014, 25 (2): 155-163.

[85] 张晓明, 曹文洪, 余新晓, 等. 黄土丘陵沟壑区典型流域土地利用/覆被变化的径流调节效应 [J]. 水利学报, 2009, 6: 641-650.

[86] ZHAI R, TAO F L. Contributions of climate change and human activities to runoff change in seven typical catchments across China [J]. Science Of the Total Environment, 2017, 605: 219-229.

[87] ZHANG S, LU X X. Hydrological responses to precipitation variation and diverse human activities in a mountainous tributary of the lower Xijiang, China [J]. Catena, 2009, 77 (2): 130-142.

[88] HUANG M, ZHANG L. Hydrological responses to conservation practices in a catchment of the Loess Plateau, China [J]. Hydrological Processes, 2004, 18 (10).

[89] 刘晓燕,刘昌明,杨胜天,等. 基于遥感的黄土高原林草植被变化对河川径流的影响分析 [J]. 地理学报, 2014, 11: 1595-1603.

[90] 穆兴民,巴桑赤烈,ZHANG L,等. 黄河河口镇至龙门区间来水来沙变化及其对水利水保措施的响应 [J]. 泥沙研究, 2007, 2: 36-41.

[91] BROWN A E, ZHANG L, MCMAHON T A, et al. A review of paired catchment studies for determining changes in water yield resulting from alterations in vegetation [J]. Journal of Hydrology, 2005, 310 (1): 28-61.

[92] COLMAN E A. Vegetation and Watershed Management [J]. Bulletin of the Torrey Botanical Club, 1954, 82 (1): 66.

[93] 穆兴民,王飞,李靖,等. 水土保持措施对河川径流影响的评价方法研究进展 [J]. 水土保持通报, 2004, (3): 73-78.

[94] 穆兴民,徐学选,王文龙. 黄土高原沟壑区小流域水土流失治理对径流的效应 [J]. 干旱区资源与环境, 1998, 4: 120-127.

[95] ZHAO G J, MU X M, STREHMEL A, et al. Temporal Variation of Streamflow, Sediment Load and Their Relationship in the Yellow River Basin, China [J]. Plos One, 2014, 9 (3): e91048.

[96] ZHENG M G, YANG J S, QI D L, et al. Flow-sediment relationship as functions of spatial and temporal scales in hilly areas of the Chinese Loess Plateau [J]. Catena, 2012, 98 (17): 29-40.

[97] YUAN Z J, CHU Y M, SHEN Y J. Simulation of surface runoff and sediment yield under different land-use in a Taihang Mountains watershed, North China [J]. Soil and Tillage Research, 2015, 153: 7-19.

[98] LIU F, CHEN S L, ZHOU Y D, et al. Effect of water-sediment regulation in Yellow River on hydrodynamics and suspended sediment transport in its estuary [J]. Journal of Sediment Research, 2010 (6): 1-8.

[99] FANG H Y, CAI Q G, CHEN H, et al. Temporal changes in suspended sediment transport in a gullied loess basin: the lower Chabagou Creek on the Loess Plateau in China [J]. Earth Surface Processes & Landforms, 2008, 33 (13): 1977-1992.

[100] ZHANG X P, ZHANG L, MCVICAR T R, et al. Modelling the impact of afforestation on average annual streamflow in the Loess Plateau, China [J]. Hydrological Processes, 2008, 22 (12): 1996-2004.

[101] MCVICAR T R, LI L T, NIEL T G V, et al. Developing a decision support tool for China's re-vegetation program: Simulating regional impacts of afforestation on average annual streamflow in the Loess Plateau [J]. Forest Ecology & Management, 2007, 251 (1): 65-81.

[102] FANG H Y, LI Q Y, CAI Q G, et al. Spatial scale dependence of sediment dynamics

in a gullied rolling loess region on the Loess Plateau in China [J]. Environmental Earth Sciences, 2011, 64 (3): 693 - 705.

[103] HESSEL R, MESSING I, CHEN L D, et al. Soil erosion simulations of land use scenarios for a small Loess Plateau catchment [J]. Catena, 2003, 54 (1 - 2): 289 - 302.

[104] CHEN L D, WEI W, FU B J, et al. Soil and Water Conservation on the Loess Plateau in China: Review and Perspective [J]. Progress in Physical Geography, 2007, 31 (4): 3547 - 3554.

[105] LIU J H, WANG G Q, LI H H, et al. Water and sediment evolution in areas with high and coarse sediment yield of the Loess Plateau [J]. International Journal of Sediment Research, 2013, 28 (4): 448 - 457.

[106] 刘晓燕, 王富贵, 杨胜天, 等. 黄土丘陵沟壑区水平梯田减沙作用研究 [J]. 水利学报, 2014, (7): 793 - 800.

[107] ZHENG F L. Effect of Vegetation Changes on Soil Erosion on the Loess Plateau [J]. Pedosphere, 2006, 16 (4): 420 - 427.

[108] 穆兴民, 李靖, 王飞, 等. 基于水土保持的流域降水-径流统计模型及其应用 [J]. 水利学报, 2004, 5: 122 - 128.

[109] 许炯心. 流域人类活动与降水变化对黄河三角洲造陆过程的影响 [J]. 海洋学报 (中文版), 2004, 3: 68 - 74.

[110] 韩鹏, 李天宏. 黄河中游水保前后河流含沙量变化 [J]. 应用基础与工程科学学报, 2006, 2: 211 - 217.

[111] 李庆云. 黄土丘陵区流域径流泥沙对气候变化和高强度人类活动响应研究 [D]. 北京: 北京林业大学, 2011.

[112] 许炯心. 流域降水和人类活动对黄河入海泥沙通量的影响 [J]. 海洋学报 (中文版), 2003, 5: 125 - 135.

[113] 刘晓燕, 党素珍, 张汉. 未来极端降雨情景下黄河可能来沙量预测 [J]. 人民黄河, 2016, 10: 13 - 17.

[114] SUI J Y, HE Y, LIU C. Changes in sediment transport in the Kuye River in the Loess Plateau in China [J]. International Journal of Sediment Research, 2009, 2: 201 - 213.

[115] WANG S, FU B J, PIAO S L, et al. Reduced sediment transport in the Yellow River due to anthropogenic changes [J]. Nature Geoscience, 2015, 9 (1): 38 - 41.

[116] 张晓萍, 张橹, 王勇, 等. 黄河中游地区年径流对土地利用变化时空响应分析 [J]. 中国水土保持科学, 2009, (1): 19 - 26.

[117] MINELLA J P G, WALLING D E, MERTEN G H. Combining sediment source tracing techniques with traditional monitoring to assess the impact of improved land management on catchment sediment yields [J]. Journal of Hydrology, 2008, 348 (3 - 4): 546 - 563.

[118] 张金良, 练继建, 张远生, 等. 黄河水沙关系协调度与骨干水库的调节作用 [J]. 水利学报, 2020, 51 (8): 897 - 905.

[119] 胡春宏, 张晓明. 黄土高原水土流失治理与黄河水沙变化 [J]. 水利水电技术, 2020, 51 (1): 1 - 11.

[120] 赵广举. 黄土高原土壤侵蚀环境演变与黄河水沙历史变化及对策 [J]. 水土保持通

报，2017，37（2）：前插3.

[121] 赵阳，胡春宏，张晓明，等. 近70年黄河流域水沙情势及其成因分析［J］. 农业工程学报，2018，34（21）：112-119.

[122] MEYER L A. Evolution of the universal soil loss equation［J］. Journal of Soil & Water Conservation，1984，39（2）：99-104.

[123] 穆兴民，李朋飞，高鹏，等. 土壤侵蚀模型在黄土高原的应用述评［J］. 人民黄河，2016，10：100-110，114.

[124] 周正朝，上官周平. 土壤侵蚀模型研究综述［J］. 中国水土保持科学，2004，(1)：52-56.

[125] ZINGG A W. Degree and length of land slope as it affects soil loss in run-off［J］. Agric Engng，1940，21（2）：59-64.

[126] EKERN P C. Raindrop Impact as the Force Initiating Soil Erosion［J］. Soil Science Society of America Journal，1951，15（C）：7-10.

[127] WISCHMEIER W H，SMITH D D. Predicting rainfall-erosion losses from cropland east of the Rocky Mountains［J］. 1965，

[128] RENARD K G，FOSTER G R，WEESIES G A，et al. Predicting soil erosion by water：a guide to conservation planning with the Revised Universal Soil Loss Equation（RUSLE）［J］. Agricultural Handbook，1997，

[129] SIDORCHUK A. Dynamic and static models of gully erosion［J］. Catena，1999，37（3-4）：401-414.

[130] ELWELL H A. Modelling soil losses in Southern Africa［J］. Journal of Agricultural Engineering Research，1978，23（2）：117-127.

[131] 杨武德，王兆骞，眭国平，等. 红壤坡地不同利用方式土壤侵蚀模型研究［J］. 土壤侵蚀与水土保持学报，1999，1：53-59，69.

[132] 蔡强国，刘纪根. 关于我国土壤侵蚀模型研究进展［J］. 地理科学进展，2003，(3)：142-150.

[133] 江忠善，王志强，刘志. 黄土丘陵区小流域土壤侵蚀空间变化定量研究［J］. 土壤侵蚀与水土保持学报，1996，(1)：1-9.

[134] 符素华，刘宝元. 土壤侵蚀量预报模型研究进展［J］. 地球科学进展，2002，(1)：78-84.

[135] 范瑞瑜. 黄河中游地区小流域土壤流失量计算方程的研究［J］. 中国水土保持，1985，(2)：14-20，64-65.

[136] 金争平，赵焕勋，和泰，等. 皇甫川区小流域土壤侵蚀量预报方程研究［J］. 水土保持学报，1991，(1)：8-18.

[137] 李钜，章景可，李凤新. 黄土高原多沙粗沙区侵蚀模型探讨［J］. 地理科学进展，1999，(1)：48-55.

[138] 孙立达，孙保平，陈禹，等. 西吉县黄土丘陵沟壑区小流域土壤流失量预报方程［J］. 自然资源学报，1988，(2)：141-153.

[139] 汤立群. 流域产沙模型的研究［J］. 水科学进展，1996，7（1）：47-53.

[140] MEYER L D. Mathematical Simulation of the Process of Soil Erosion by Water［J］. Amer Soc Agr Eng Trans Asae，1969，12（6）：754-758.

[141] NEARING M A. A process-based soil erosion model for USDA-Water Erosion Prediction Project technology [J]. Trans Asae, 1989, 32 (5): 1587-1593.

[142] WOODWARD D E. Method to predict cropland ephemeral gully erosion [J]. Catena, 1999, 37 (3-4): 393-399.

[143] MORGAN R P C, QUINTON J N, SMITH R E, et al. The European Soil Erosion Model (EUROSEM): a dynamic approach for predicting sediment transport from fields and small catchments [J]. Earth Surface Processes & Landforms, 2015, 23 (6): 527-544.

[144] BEASLEY D B, HUGGINS L F, MONKE E J. Answers: a model for watershed planning [J]. Transactions of the ASAE - American Society of Agricultural Engineers, 1980, 23 (4): 938-944.

[145] 解河海, 郝振纯, 杨涛. TOPMODEL 在岔巴沟流域的模拟研究 [J]. 三峡大学学报: 自然科学版, 2007, 29 (3): 4.

[146] 谢树楠, 宋根培. 水库泥沙冲淤计算的数学模型 [J]. 水利学报, 1988, 9: 41-47.

[147] 蔡强国, 陆兆熊, 王贵平. 黄土丘陵沟壑区典型小流域侵蚀产沙过程模型 [J]. 地理学报, 1996, 2: 108-117.

[148] 段建南, 李保国, 石元春, 等. 应用于土壤变化的坡面侵蚀过程模拟 [J]. 土壤侵蚀与水土保持学报, 1998, 1: 48-54.

[149] 包为民. 格林-安普特下渗曲线的改进和应用 [J]. 人民黄河, 1993, (9): 1-3.

[150] 包为民. 概念性汇沙模型初探 [J]. 河海大学学报, 1990, (6): 24-29.

[151] 包为民. 黄土地区小流域产沙概念性模拟研究 [J]. 水科学进展, 1993, 4 (1): 44-50.

[152] 包为民, 陈耀庭. 中大流域水沙耦合模拟物理概念模型 [J]. 水科学进展, 1994, (4): 287-292.

[153] GAO H D, LI Z B, JIA L L, et al. Capacity of soil loss control in the Loess Plateau based on soil erosion control degree [J]. Journal of Geographical Sciences, 2016, 26 (4): 457-472.

[154] NASER, KHALEGHPANAH, MEHDI, et al. Modeling soil loss at plot scale with EUROSEM and RUSLE2 at stony soils of Khamesan watershed, Iran [J]. Catena, 2016, 147: 773-788.

[155] MONTAS H J, MADRAMOOTOO C A. using the answers model to predict runoff and soil loss in southwestern quebec [J]. Transactions of the Asae, 1991, 34 (4): 1754-1762.

[156] WOO W H, JANG W S, KIM I J, et al. Evaluation of Effects of Soil Erosion Estimation Accuracy on Sediment Yield with SATEEC L Module [J]. Endocrinology, 2011, 53 (2): 19-26.

[157] 沈晓东, 王腊春, 谢顺平. 基于栅格数据的流域降雨径流模型 [J]. 地理学报, 1995, 62 (3): 264-271.

[158] 张小峰, 许全喜, 裴莹. 流域产流产沙 BP 网络预报模型的初步研究 [J]. 水科学进展, 2001 (1): 17-22.

[159] 胡良军, 李锐, 杨勤科, 等. 基于 GIS 的区域水土流失评价模型 [J]. 应用基础与工

程科学学报，2000，（1）：1-8.

[160] LIU D F, TIAN F Q, HU H P. Sediment simulation at Upper Sangamon River basin using the THREW model [M]. IAHS-AISH publication，2009.

[161] 刘登峰，田富强，黄强. 基于代表性单元的流域水沙耦合模型及其应用 [J]. 水力发电学报，2015，34（4）：9.

[162] 熊立华，郭生练，田向荣. 基于DEM的分布式流域水文模型及应用 [J]. 水科学进展，2004，15（4）：517-520.

[163] 杨涛，张鹰，陈界仁，等. 基于数字平台的黄河多沙粗沙区分布式水文模型研究：以黄河岔巴沟流域为例 [J]. 水利学报，2005，36（4）：5.

[164] 何姗，夏军. 岔巴沟流域数字水文模型研制与应用 [J]. 人民黄河，2005，27（5）：27-29.

[165] 贾媛媛，郑粉莉，杨勤科. 黄土高原小流域分布式水蚀预报模型 [J]. 水利学报，2005，3：328-332.

[166] 廖义善. 基于GIS黄土丘陵沟壑区流域侵蚀产沙模拟及尺度研究 [D]. 武汉：华中农业大学，2008.

[167] MAALIM F K, MELESSE A M, BELMONT P, et al. Modeling the impact of land use changes on runoff and sediment yield in the Le Sueur watershed, Minnesota using GeoWEPP [J]. Catena, 2013, 107：35-45.

[168] BANASIK K, HEJDUK L. Long-term Changes in Runoff from a Small Agricultural Catchment [J]. Soil And Water Research, 2012, 7 (2): 64-72.

[169] BRAGA A C F M, SILVA R M D, SANTOS C A G, et al. Downscaling of a global climate model for estimation of runoff, sediment yield and dam storage: A case study of Pirapama basin, Brazil [J]. Journal of Hydrology, 2013, 498: 46-58.

[170] DOOGE J C I, BRUEN M, PARMENTIER B. A simple model for estimating the sensitivity of runoff to long-term changes in precipitation without a change in vegetation [J]. Advances in Water Resources, 1999, 23 (2): 153-163.

[171] 王江婷. 基于HEC-HMS模型的北方典型小流域山洪预警模拟与研究 [D]. 济南：济南大学，2018.

[172] GAIN A K, MONDAL M S, RAHMAN R. From Flood Control to Water Management: A Journey of Bangladesh towards Integrated Water Resources Management [J]. Water, 2017, 9 (1): 55.

[173] MANN H B. Nonparametric test against trend [J]. Econometrica, 1945, 13 (3): 245-259.

[174] SNEYERS R. Climatic changes in Belgium as appearing from the homogenized series of observations made in Brussels-Uccle（1833—1988）[M] //SCHIETECAT C D. Contributions à l'etude des changements de climat. Bruxelles：Institute Royal Meteorologique de Belgique, Publications Série, 1990, 124: 17-20.

[175] 陈育峰，张强. 气候周期与天体活动周期的对应性及其区域特征的初步探讨 [J]. 地理研究，1995，14（4）：91-96.

[176] 包为民，沈丹丹，倪鹏，等. 滑动平均差检测法的提出及验证 [J]. 地理学报，2018，73（11）：2075-2085.

[177] TZABAZIS A，EISENRIED A，YEOMANS D C，et al．Wavelet analysis of heart rate variability：Impact of wavelet selection［J］．Biomedical Signal Processing and Control，2018，40：220-225．

[178] 董长虹，高志，余啸海．Matlab 小波分析工具箱原理与应用［M］．北京：国防工业出版社，2004．

[179] FLETCHER P，SANGWINE S J．The development of the quaternion wavelet transform［J］．Signal Processing，2017，136：2-15．

[180] SHEN D D，BAO W M，NI P．A Method for Detecting Abrupt Change of Sediment Discharge in the Loess Plateau，China［J］．Water，2018，10（9）．

[181] 王陇，宋孝玉，李蓝君，等．黄土高原沟壑区典型小流域径流变化趋势及归因分析［J］．水土保持研究，2021，28（4）：48-53，69．

[182] FANG N F，SHI Z H，LI L，et al．Rainfall，runoff，and suspended sediment delivery relationships in a small agricultural watershed of the Three Gorges area，China［J］．Geomorphology，2011，135（1-2）：158-166．

[183] FENG Q，ZHAO W W，WANG J，et al．Effects of Different Land-Use Types on Soil Erosion Under Natural Rainfall in the Loess Plateau，China［J］．Pedosphere，2016，26（2）：243-256．

[184] 余新晓，张晓明，武思宏，等．黄土区林草植被与降水对坡面径流和侵蚀产沙的影响［J］．山地学报，2006，24（1）：19-26．

[185] 冉大川．黄河中游河口镇至龙门区间水土保持与水沙变化［M］．郑州：黄河水利出版社，2000．

[186] 刘晓燕，高云飞，田勇，等．黄河潼关以上坝库拦沙作用及流域百年产沙情势反演［J］．人民黄河，2021，43（7）：5．

[187] 张胜利，赵业安．黄河中上游水土保持及支流治理减沙效益初步分析［J］．人民黄河，1986，1：5-10．

[188] 包为民．流域水沙变化原因分类定量分析［J］．地理科学，1997，1：42-47．

[189] 包为民．小流域水沙耦合模拟概念模型［J］．地理研究，1995，2：27-34．

[190] SI W，BAO W M，JIANG P，et al．A semi-physical sediment yield model for estimation of suspended sediment in loess region［J］．International Journal of Sediment Research，2017，32（1）：12-19．

[191] 包为民，王从良．垂向混合产流模型及应用［J］．水文，1997，3：19-22．

[192] 瞿思敏，包为民，张明，等．新安江模型与垂向混合产流模型的比较［J］．河海大学学报（自然科学版），2003（4）：374-377．

[193] 包为民，张小琴，赵丽平．基于参数函数曲面的参数率定方法［J］．中国科学：技术科学，2013，（9）：13．

[194] 赖善证，瞿思敏，包为民，等．函数曲面参数率定方法在 SAC 模型中的应用［J］．水利学报，2014，45（8）：973-983．

[195] BAO W M，ZHAO L P，WANG J Z，et al．Linearized calibration of vertically-mixed runoff model parameters［J］．Journal of Hydroelectric Engineering，2014，33（4）：85-91．

[196] 包为民，赵丽平，王金忠，等．垂向混合产流模型参数的线性化率定［J］．水力发电

学报，2014，33（4）：85-91.

[197] 包为民，王从良. 人类活动对流域水沙模型参数影响分析[J]. 泥沙研究，1995，(4)：5.

[198] SHEN D D, GUO Y G, QU B, et al. Investigation and Simulation Study on the Impact of Vegetation Cover Evolution on Watershed Soil Erosion[J]. Sustainability, 2024, 16 (22)：9633.

[199] ZHANG X Q, BAO W M, LIANG W Q, et al. A variable parameter bidirectional stage routing model for tidal rivers with lateral inflow[J]. Journal of Hydrology, 2018, 564：1036-1047.

[200] SI W, BAO W M, GUPTA H V. Updating real-time flood forecasts via the dynamic system response curve method[J]. Water Resources Research, 2015, 51 (7)：5128-5144.

[201] 司伟，包为民，瞿思敏. 洪水预报产流误差的动态系统响应曲线修正方法[J]. 水科学进展，2013，24（4）：7.

[202] 包为民，阙家骏，赖善证，等. 洪水预报自由水蓄量动态系统响应修正方法[J]. 水科学进展，2015，26（3）：365-371.

[203] SUN Y Q, BAO W M, JIANG P, et al. Development of Multivariable Dynamic System Response Curve Method for Real-Time Flood Forecasting Correction[J]. Water Resources Research, 2018, 54 (7)：11-12.

[204] SUN Y Q, BAO W M, JIANG P, et al. Development of dynamic system response curve method for estimating initial conditions of conceptual hydrological models[J]. Journal of Hydroinformatics, 2018, 20 (5-6)：1387-1400.